21世纪高等学校工科力学实验系列教材

材料力学实验

■ 朱铉庆　彭华　林树　乐运国　曹定胜　陈士纯　编著

WUHAN UNIVERSITY PRESS
武汉大学出版社

内容简介

本教材根据国家教育部关于建设高等学校实验教学示范中心的指导思想，力图建立以能力培养为主线，分层次、多模块，相互衔接的科学系统的实验教学体系。全书分为3章共列出21个实验，其中包括拉伸、压缩、扭转、弯曲正应力、弯扭组合变形、压杆稳定、冲击、疲劳等基础性实验；对基础性实验着重阐明实验方案设计的理论依据和基本思路，尽可能详尽地列出实验步骤，便于学生独立完成。同时书中还包括金属材料残余延伸强度（$R_{r0.2}$）的测定、断裂韧度K_{IC}的测定、压力容器的强度检验、残余应力测试、温度对材料力学性能的影响等选择性或设计性实验。对这类实验着重提出实验要求，拓展实验的工程背景，有利于培养学生的探索精神和创新能力。书中还深入浅出地介绍了电阻应变计测量技术和光弹性实验方法，并包含了若干个实验应力分析基本实验。书中还简明扼要地介绍了实验仪器、设备的构造原理及其操作规程并在附录中列出了工程材料力学性能实验的国家标准。

本书可以作为工科大学本科生材料力学实验课程的教材，亦可以作为大学教师和工程技术人员、实验技术人员的参考书。

序

力学课程是工科专业的重要技术基础课，实验力学课程是其重要的组成部分。任何科学技术的发展，都伴随着科学实验而共同存在。未经过实验或实践检验过的理论，有可能是不正确的理论。世界上许多重大科技发明、创造，大都是大量科学实验的结果。

以力学实验而言，其重要性更为直接。设计一个构件或结构，必须考虑其强度、刚度、稳定性，动态结构还需研究其动力特性，以求得在安全条件下的最大经济效果。为此，已经形成了理论力学、材料力学、结构力学、岩土力学、断裂力学、弹塑性力学等一系列理论及相应计算方法，这些学科在解决实际问题中起着重要的作用。但是这些学科的基本理论，许多是建立在若干简化的假定上的，都来自大量实验资料的归纳和总结；而判断理论及计算的结果正确与否，也需要实验或实践来检验。

虽然如今科学计算已经与理论分析和实验技术相并列，成为第三种科学方法，并被提到一个重要的高度。但是力学实验技术无论是作为认识和检验真理的最终的标准，还是作为直接解决实际工程中的力学问题的重要手段，仍然有着不可替代的地位。

对于已经有了数学模型的力学问题，从理论上讲可以用分析手段求解，但除了个别简单问题外，实际上是难以求得理论解的；随着计算机技术的发展，使科学计算方法，如有限元法、边界元法等方法能解决大量以前无法用理论分析方法解决的问题。但是数值计算方法仍然来自于理论模型，仍然是在理论模型的基本假定下进行数值计算的。对于新型或复杂结构形式、采用新材料的结构以及复杂工作条件下的力学问题，理论分析和数值计算所引入的假设和简化的合理性还未得到证实之前，往往首先需要用实验的结果进行校核和验证。

广义地讲，若把科学计算和数值仿真视为一种数值实验，实验力学的范围也可以涵盖数值计算技术。实际上实验力学已经与计算机技术和现代测试技术日益紧密结合，使实验力学有了很大的发展。这个发展已体现在两个方面，其一是应用计算机技术对实验数据进行采集和处理；其二是实验方法和数值计算方法相结合而产生的实验和数值分析杂交技术。该技术综合了两者的优势，在减少实验工作量和计算机时的同时，还提高了实验成果的精度和可靠度，这已经成为现代实验力学的概念。

基于对实验力学以上的认识，我们组织编写了这套实验力学教材，力图在让学生学到基本实验技能的同时，也让他们开拓视野，并认识到实验力学新发展的前景。

在本系列教材中，实验内容的选取，实验方法和设备的介绍与阐述，既与力学的理论教学相呼应，尽可能达到力学课程的基本要求，又具有一定的独立性，并尽量体现教学改革和创新思维的成果。

我们相信，通过对本系列教材的学习和实践，可以使学生掌握力学实验的基本知识、基本技能和基本方法，同时也可以对他们的创新能力、实践能力进行一定的培养，从而对养成学生的科学习惯，提高科学素质起到重要作用。

参加编写本系列教材的教师为：

《材料力学实验》：朱匯庆，彭华，林树，曹定胜，乐运国，陈士纯；

《结构力学实验》：刘礼华，欧珠光；

《动力学实验》：刘礼华，欧珠光；

《岩土力学实验》：侍倩，曾亚武。

本系列材料所述内容的形成和不断完善是这些老师多年教学实践的积累，字里行间闪现着老师们辛勤的汗水与智慧。同时得到各位同事、同学和校内外同行的启发和帮助，武汉大学教务部和武汉大学土木建筑工程学院的领导也给予了很大的支持，特向他们表示敬意。谨此为序。

朱以文

2006 年 3 月

前　言

根据国家教育部关于开展高等学校国家级实验教学示范中心建设的精神和要求，我们对近几年的实验教学改革进行了认真总结，结合多年从事材料力学实验教学的体会，并吸收同类院校实验教学改革的成果编写了这本教材。在编写过程中，力图体现下面一些原则：

1. 在编写指导思想上，坚持传授知识，培养能力，提高素质相协调，注重对学生探索精神、科学思维、实践能力、创新能力的培养。在每项实验前都列出了预习思考要点，强调实验课前预习的重要性，使学生在理论的指导下，带着问题去实验，避免实验的盲目性。在基本实验部分，对于实验原理的阐述，着重于实验方案设计的理论依据和基本思路，使学生通过有限的实验项目能够举一反三、融会贯通，使他们受到将来在科学研究或工程实践中解决实际问题能力的初步训练。对于实验步骤的叙述则尽可能详尽、具体，具有可操作性，使学生只需教师稍加点拨，仅凭实验教材就能独立地完成实验。而在选择性实验部分，某些实验只提出设计原则，实验方案要求学生自行拟定，培养学生自主学习、研究性学习的能力。

2. 从人才培养体系整体出发，建立以能力培养为主线，分层次、多模块，相互衔接的科学系统的实验教学体系，从根本上改变实验教学依附于理论教学的传统观念，使之与理论教学既有机结合又相对独立。在实验层次上将实验分为基本实验和选择性实验两类，便于因材施教。在实验内容上涵盖了机测力学、电测力学、光测力学三个部分，使学生初步掌握这三种基本的实验理论和方法。在实验对象上既考虑了传统的金属材料的实验，也安排了蓬勃发展中的复合材料的实验。

3. 实验教学内容不仅与理论教学内容相匹配，而且与科研、工程、社会应用实践密切联系，形成良性互动。有些实验内容是直接由科研成果转化而来的，有些实验内容具有较强的工程应用背景。例如：金属材料残余延伸强度（$R_{r0.2}$）的测定；压力容器的强度检验；温度对材料力学性能的影响；残余应力测试等。

本教材共安排了21项实验，其中基本实验11项，选择性实验10项，并专辟一章对相应的仪器设备的构造原理、性能作了简要的介绍，以供不同的专业和不同的学时要求选用。

本书由朱铉庆负责统稿。其中§1.1、§1.3由陈士纯编写；§1.4、§1.10由乐运国编写；§1.11、§2.4、§2.5、§3.6由彭华编写；§2.1、§2.2、§3.1、§3.4由曹定胜编写；§2.6、§2.7、§2.8、§2.9由林树编写；其余部分由朱铉庆编写。本书承蒙武汉大学朱以文教授进行了认真的审阅，提出了许多宝贵意见，谨致谢意。同时作者还要感谢武汉大学出版社的大力支持和有关编辑耐心、细致的工作。

由于编者水平的限制，书中欠妥之处在所难免，敬请读者批评指正。

编　者

2005年9月于武汉大学

目 录

绪 论

一、材料力学实验的意义和任务

材料力学学科发展的历史充分表明,实验是理论的基础,也是学科发展的基础。这不仅是因为材料的力学性能参数需要通过实验来测定,而且在对构件与材料的强度、刚度和稳定性问题进行理论分析时,也往往是首先根据实验所观察到的现象,提出假设,并建立相应的力学模型,然后再运用已知的力学和物理学规律以及合适的数学工具进行理论上的分析、归纳、演绎,从而得出新的结论。而这些结论还必须通过实验来检验。此外,对一些受力或形状复杂的构件,其强度、刚度和稳定性问题,尚难以用理论分析解决时,更需要运用实验方法寻求解答。虽然,近些年来随着计算机技术的开发应用和数值分析方法的发展,出现了一系列力学数值仿真实验。但这些数值解法仍然必须建立在可靠的力学性能参数和力学模型的基础上,才有可能给出正确的解答。力学数值仿真只是对力学模型实验提出了更高的要求,而不可能完全取代力学实验。因此,材料力学实验是材料力学课程的重要组成部分,是理论联系实际的实践性教学环节,也是培养学生的探索精神、科学思维、实践能力、创新能力的重要途径。同时,材料力学实验还是学生接受工科高等教育过程中由基础理论学习逐步迈入科学研究和工程实践的第一座桥梁。由此可见,了解、实施、掌握材料力学实验具有极其重要的意义。

材料力学实验教学的主要任务是:

1. 通过实验测定和研究工程材料的力学性能,包括材料的弹性、塑性、强度、韧性和疲劳特性等性能参数。

2. 验证材料力学理论公式和主要结论,并通过实验来学习变形和应变的基本测试方法及主要测试仪器的操作规程。

3. 研究受力和形状较复杂的构件的应力分布规律,即进行实验应力分析,其中主要包括电测法和光弹性法。

4. 进行科学实验的基本训练,培养学生严谨认真的工作作风,实事求是的科学态度,分工协作的团队精神,增强观察和发现、分析和解决工程实际问题的能力。

二、材料力学实验的内容和方法

材料力学实验的任务决定了材料力学实验目前大致涵盖了下列三方面的内容并产生和发展了相应的实验方法。

1. 验证性实验

材料力学的理论是建立在将真实材料理想化,实际构件典型化,公式推导假设化的基础之上的。例如对于材料连续性、均匀性的假设,材料完全弹性和各向同性的假设等,事实上材料的性质往往与这些假设是有差异的。因此,必须通过实验对根据这些假设推导的公式加以验证,才能确定公式的应用范围。又例如在弹性变形阶段,受纯弯变形构件横截面上正应力的分布规律,偏心拉压构件计算截面应力的叠加原理等。当这些构件上的受力条件改变时,这些公式、原理是否具有普遍意义,也是需要通过实验验证才能加以确定的。此外对于一些近似解答,其精确度也必须通过实验校核后才能在工程设计中应用。可见通过验证性实验不仅可以加深对理论的理解,还可以确定这些理论和某些近似解在工程中的应用范围,因此验证的方法并不是单纯地重复前人的工作,而是推广、修正、发展理论的必要手段。材料力学实验中梁的弯曲正应力实验,杆的偏心压缩实验,压杆稳定性实验就是属于这类实验。

2. 材料的机械(力学)性能实验

材料力学的任务之一就是为工程结构设计合理的构件截面和选择合适的材料,保证构件在服役期内的安全可靠性,此即所谓的强度、刚度、稳定性设计。为了满足这些条件就必须了解构件材料的弹性、塑性、强度、韧度、硬度、疲劳等性质,就必须通过拉伸、压缩、扭转、冲击、疲劳等材料力学性能实验让材料的上述力学性能充分地显现出来,并按照标准化的程序测定相应的力学性能参数,作为构件设计的基本依据。

材料的力学性能指标(如屈服极限,强度极限,冲击韧度,持久极限等)虽然是材料的固有属性,但它们与试件的表面加工状态,实验时的加载速度,环境条件(如温度、湿度、周围介质等)有关。为了使实验结果可靠,可以作为构件设计的依据。为了使在不同时间、不同地点所作的实验结果能够相互比较,应实行统一的实验方法。各个国家都根据本国的具体情况制定了相应的材料实验标准,我国标准的代号为 GB(国家标准)。此外,还有国际标准其代号为 ISO。当需要进行材料的仲裁实验时,多数以国际标准为依据。标准对试样的取材、加工、实验手段的精度,实验方法及实验数据的处理原则都有详细的规定。此外,由于材料力学性能实验的具体对象是工程材料和由工程材料制成的各种试件,由于工程材料材质的不均匀性,破坏性实验不得不采用多试件的实验结果来综合工程材料的力学性能。又由于某些实验或实验阶段构件在工作负荷下的变形是微小量,需要借助各种变形放大仪表来进行测量。为了减小系统引入的测量误差,非破坏性实验一般要求多次重复或取材料变形增量的优化值作为实验数据。以上这些原则和方法是进行材料力学性能实验时所必须遵循的。

3. 应力分析实验

当构件的形状及受力情况比较复杂时,构件的应力和变形一般难以进行理论分析,这时依靠应力分析实验,诸如应变的电测法,光弹性应力分析等,往往能简便地直接获得在实际工况条件下构件中的应力状态。近几年来随着计算机技术的开发应用,结构应力分析的有限元法及其他数值方法得到迅速的发展和广泛的应用,但有限元法或其他数值解法都必须建立在可靠的力学模型基础上,才有可能给出正确的解答。因此,数值解要经过实验来验证,而实验应力分析的方法,甚至在边界条件不确定的情况下都能得出满意的结果,可见应力分析的实验方法是解决工程实际问题的不可或缺的重要途径。

实验应力分析已发展成一门独立的力学分支,该学科的内容相当丰富,目前已有电学的、光学的、声学的以及其他方法。电学方法,有电阻、电容、电感等多种方法,而以电阻应变计测量技术的应用较为普遍,实际效果也较好。电阻应变计不仅可以用于模型实验,而且可以在结构或机械正在运行的条件下进行应变及其他参量(如扭矩、压力差)的测量。利用无线电遥测技术,还可以进行远距离应变遥测。电容应变计可以在高达650℃以上的温度环境中,长期进行应变测量。此外,根据各种特殊的用途,还可以制成相应的传感器,其中电感式传感器多用于位移的测量。

光测力学近年来有很大进展,经典的光弹性实验技术已从二维、三维模型实验发展成为能用于工业现场测量的光弹性贴片法,用来解决扭转和轴对称问题的光弹性散光法,研究应力波传播和热应力的动态光弹性法和热光弹性法,进行弹—塑性应力分析的光塑性法,以及研究复合材料力学的正交异性光弹性法。云纹法已日趋完善,特别是用于大变形测量,效果尤为明显。20世纪60年代后期发展起来的全息干涉法和散斑干涉法,在分析复杂构件的振型和振幅,测量物体的微小变形,三维位移场的定量分析以及测定含裂纹构件的应力强度因子等方面,都已取得一定的成效。在全息技术和散斑技术中应用脉冲激光,还可以研究应力波在固体中的传播。全息光弹性法,可以同时获得等差线和等和线的数据,便于分离主应力,可以解决平面的应力分析问题。焦散线法等测量奇异变形的光学方法,可以测量裂纹尖端的塑性区和应力强度因子,也可以测量角隅区的应力奇异性和两物体间的接触应力等。

声弹性法可以用来测量焊接件的残余应力。声发射技术可以用来测定含裂纹试件的开裂和监测疲劳裂纹的扩展等;声全息技术可以用来显示试件内部缺陷的形状与大小;其他应力分析方法还有脆性涂层法、X射线应力测定法、比拟法等。在材料力学实验中安排的几个应力分析实验仅仅是其中最基本的一部分内容。

在应力分析实验中采用何种方法主要取决于实验目的和对实验精度的要求。一般来说,为检验设计理论,校核结构与构件的强度,若仅需了解局部应力分布,用应变电测法比较方便;当进行设计方案比较,或构件形状和受力条件比较复杂,需要全面了解结构与构件的受力状况时,则以光弹性实验为宜。用光弹性方法测定构件的应力集中系数特别方便。总之,各种方法都有其长处和短处,原则上应扬其长避其短,因此有时将几种方法结合起来使用,例如:用光弹性方法了解构件的危险截面位置,再通过应变电测法测量危险点的应力。

实验方法的选择往往还与实验人员的经验和所拥有的技术手段有关,但实验人员应时刻牢记:实验离不开理论的指导,应力应变分析理论是材料力学实验的主要指导理论。只有通过对受力构件的变形分析才能把握测试的重点,制定合理的实验方案,测试结果还得用应力应变分析理论计算出测点应力。没有理论指导的实验往往会事倍功半,甚至导致错误的实验结果。

三、材料力学实验的特点和要求

实验课不同于课堂的理论教学。首先,学生如果当场没有理解理论教学的内容,课后还可以通过自己复习教材,同学间的相互讨论,教师的答疑再去完成作业。而实验课上,学生面对陌生的仪器设备,必须在有限的时间内亲手操作,给试样加载,同时观测其变形,获取实验数据,甚至拿出实验结果,这一切离开实验条件就无法进行,因此实验课前的充分预习就显得十分重要;再则,课堂理论教学一般不存在安全问题,而实验教学就存在设备安全甚至人身安全问题,特别是材料力学实验,有时对试件所加的载荷比较大,如破坏性实验、动载实验、冲击实验就存在一定的危险性,这就要求学生必须严格遵守实验规则和仪器设备的操作规程;第三,理论知识的学习一般都是个体作业,而实验时力和变形要同时测试,一般要有几个人相互配合才能很好地完成实验全过程。这就要求学生有明确的岗位职责，在实验的每个环节都严谨认真，并发挥分工协作的团队精神。否则就不可能得到正确的实验结果，有效地完成实验任务。

根据上述的实验课特点，学生应达到以下几方面的要求：

1. 实验课前每位学生都必须明确本次实验的目的、原理和步骤，了解所使用的试验机，仪器等的基本构造原理和操作规程，了解所测试的试样的材料、形状和公差要求，进行充分的预习和实验准备，应写出预习报告。

2. 在正式开始实验之前，要检查试验机测力度盘指针是否对准零点，变形仪安装是否稳妥，试件装夹是否正确，电测仪表接线是否正确等，并拟定好相应的加载方案。对试样所能承受的最大载荷，选择适当的量程，注意其最大载荷不得超过试验机所选量程的80%，以保证试验机有足够的灵敏度和示值精度。静载实验的加载速率应缓慢、均匀，特别是材料的仲裁实验，应严格按照相关国家标准或国际标准的规定进行。准备工作完成后还应请指导教师检查无误后方可启动试验机。第一次加载可以不作记录(不允许重复加载的实验除外)，观察试验机和变形仪是否运行正常。如果正常，再正式加载并开始记录。

3. 实验过程中应精心操作，细心观察，测量和记录各种实验现象及数据。若出现异常现象应及时报告指导教师并作好原始记录。在实验中还应提倡主动思索，发挥独立思考能力，结合所学理论知识对实验中的数据和现象进行分析，使理论与实际联系起来，把实验中获得的感性认识上升为理性知识。对实验中发现的可疑现象和数据可以重复测试、重复观察并分析其产生的原因再决定取舍，但无论取或舍都必须保持原始记录。

4. 实验结束要及时编写实验报告。实验报告的内容应包含：实验名称，实验日期，实验环境的温度、湿度，实验目的，原理简述，实验布置简图，使用的仪器设备的名称，实验数据的记录，数据处理的表达和实验数据的误差分析讨论，以及同组实验人员的分工名单。

实验数据要用数学归纳法进行整理，并注意有效数字修正。对材料常数的确定，常用增量平均值法处理，多次实验的平均值最接近真值。

实验成果的表示，一般有表格表示法和曲线表示法，用表格表示两个或两个以上物理量之问的关系时，要使读表者能一目了然地看出规律性的结果。而有时用曲线表示实验结果更具有直观性、规律性。对于物理量之间的关系在它们互相变化过程中，除非是转折质变的过程，一般都是连续的，也就是作成的曲线应连续光滑，但实验数据点不可能都落在曲线上，这时就必须运用数据处理的方法进行曲线拟合，以真实地显示物理量之间变化的规律性。

5. 对试样变形的量测，一般由于弹性变形很小，需用变形仪器进行放大测量，因此应了解其构造原理、使用方法和放大倍数。在选用时，要注意使实验中最小变形值应远大于变形仪上的最小刻度值，而最大变形值则不得超过变形仪满量程的80%。

以上诸条件是实验成功所必备的基本条件和主要要求，在实验全过程中都必须严格遵守。

第1章 基本实验

§1.1 金属材料拉伸实验

1. 实验目的

(1)测定低碳钢(如 Q_{235} 钢这种典型塑性材料)的下列力学性能指标：下屈服强度 R_{eL}(或称屈服极限、屈服点 σ_s)、抗拉强度 R_m(或强度极限 σ_b)、断后伸长率 A 和断面收缩率 z。

(2)测定铸铁(典型脆性材料)的抗拉强度 R_m(或强度极限 σ_b)。

(3)观察塑性与脆性两种材料在拉伸过程中的各种现象。

(4)比较并分析低碳钢和铸铁的力学性能特点与断口破坏特征。

2. 预习思考要点

(1)做低碳钢拉伸实验时,其重点是怎样准确地测绘出试样的拉伸图,怎样基于拉伸图确定出低碳钢的应力与应变图。

(2)从低碳钢的应力与应变图上可以清晰地看出,低碳钢材料在拉伸全过程中具有线性弹性与非线性弹性、屈服、强化和颈缩四个阶段,试问各阶段呈现出的现象与特征是什么?

(3)低碳钢拉伸时其主要力学性能如强度、塑性和弹性性能指标是什么?低碳钢材料具有什么实用价值?铸铁拉伸时的力学性能指标是什么?

(4)试观察与分析低碳钢和铸铁试样的断口形貌特征并阐明金属材料两种基本破坏形式(韧性断裂和脆性断裂)的特点是什么?

3. 实验仪器和设备

(1)万能材料试验机,拉力试验机,电子式拉力试验机。

(2)电子引伸计。

(3)游标卡尺。

(4)试样划线器。

4. 实验试样

大量实验表明,实验时所用试样的形状、尺寸、取样位置、方向和表面粗糙度等因素,对其性能测试结果都有一定影响。为了使金属材料拉伸实验的结果具有符合性与可比性,国家制定了统一标准。本实验按照 GB/T228—2002 eqv ISO6892—1998《金属材料室温拉伸试验方法》中第六章试样的要求制备试样。拉伸试样系由夹持、过渡和平行三部分构成。试样两端较粗段为夹持部分，其形状和尺寸可以依实验室现有使用试验机夹头情况而定；试样两夹持段之间的均匀部分为实验测试的平行部分；夹持与平行两部分之间为过渡部分，通常用圆弧进行光滑连接，以减少应力集中。拉伸实验可以分为机加工试样和不经机加工的原状全截面试样。通常采用机加工的圆形截面试样如图 1—1(a)所示，亦可以采用矩形截面试样如图 1—1(b)所示。图 1—1 中 L_c 为试样平行段长度，L_0 为试样原始标距(或称测量伸长变形的工作长度)，d 为圆形试样平行部分的原始直径，a 为矩形试样平行部分的原始厚度，b 为矩形试样平行部分的原始宽度，S_0 为试样平行部分原始横截面面积，r 为过渡弧半径。拉伸试样分为比例标距和非比例标距两种。比例试样系按公式 $L_0 = K\sqrt{S_0}$ 计算确定的试样，式中系数 K 通常为 5.65 或 11.3，前者称为短试样，后者称为长试样。短试样的标距为 $L_0 = 5.65\sqrt{S_0}$ 或 $L_0 = 5d$，长试样的标距为 $L_0 = 11.3\sqrt{S_0}$ 或 $L_0 = 10d$，一般都采用短比例标距试样。对非比例标距试样的原始标距 L_0 与原始横截面面积 S_0 之间无上述公式表达的比例关系，可以根据 GB/T2975—1998 和 ISO 377—1997《钢及钢产品力学性能试验取样位置和试样制备》的要求或金属产品供需双方商定的协议要求来确定。这里摘录国家相关标准中有关拉伸比例试样的尺寸参数和加工尺寸允许偏差分别列入表 1—1、表 1—2、表 1—3 中，供读者参考。

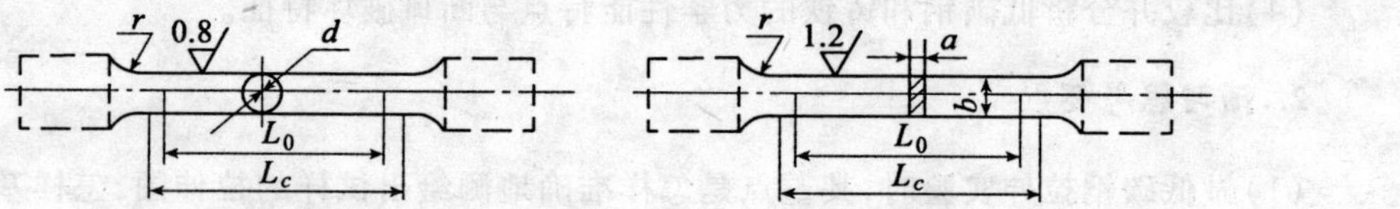

(a)圆形试样　　(b)矩形试样

图 1—1　拉伸试样图

表 1—1　比例试样

试　样		原始标距 L_0/mm	原始横截面面积 S_0/mm²	圆形试样原始直径 d/mm	断后伸长率 %
圆形截面	长	100	78.54	10	A_{10}
	短	50			A_5
矩形截面或其他	长	$11.3\sqrt{S_0}$	任意		A_{10}
	短	$5.65\sqrt{S_0}$			A_5

表 1—2 圆形截面比例试样尺寸 (单位:mm)

一般尺寸		短试样		长试样	
d	r_{min}	L_0	L_c	L_0	L_c
20	5	5d	L_0+d	10d	L_0+d
15	4				
10	4				
6	3				

表 1—3 试样尺寸允许偏差 (单位:mm)

圆形截面试样直径 d	标距部分内允许偏差		矩形试样宽度	标距部分内允许偏差	
	d	最大与最小直径	b	b	最大与最小宽度
5 ~ <10	±0.1	0.02	10 ~ 15	±0.2	0.1
≥10	±0.2	0.05	20 ~ 30	±0.5	0.2

本实验采用圆形截面短比例试样,即$L_0=5d$;亦可以采用圆形截面长比例试样,即 $L_0=10d$。

5. 实验原理

根据 GB/T 228—2002 和 ISO 6892—1998《金属材料室温拉伸试验方法》的基本要求,分别简要叙述如下:

(1)低碳钢(Q_{235}钢)拉伸实验原理

做拉伸实验时,利用万能材料试验机的自动绘图装置及拉伸过程各特征点的示力度盘读数或电子拉力试验机的 X—Y 函数记录仪,可以测绘出低碳钢试样的拉伸图,即图 1—2 所示的拉力 F 与伸长 L_u-L_0 之间关系曲线。图 1—2 中起始阶段呈曲线,是由于试样头部在试验机夹具内有轻微滑动及试验机各部分存在间隙等原因造成的。分析时可以将其忽略直接把图 1—2 中的直线段延长与横坐标相交于 O 点,作为其坐标原点。拉伸图形象地描绘出钢材的受力变形特征以及各阶段受力与变形之间的关系,但同一种钢材的拉伸曲线会因试样尺寸不同而异。为了使同一种钢材不同尺寸试样的拉伸过程及其特性点便于比较,以消除试样几何尺寸的影响,可以将拉伸曲线图的纵坐标(拉力 F)除以试样的原始横截面面积 S_0,并将横坐标(伸长 ΔL)除以试样的原始标距 L_0,这样得到的曲线便与试样尺寸无关,该曲线称为应力—应变曲线,如图 1—3 所示。从曲线上可以看出,该曲线与拉伸图曲线相似,更清晰表征了钢材的力学性能。拉伸实验过程分为四个阶段,如图 1—2 和图 1—3 所示。

1)弹性阶段 OA:在该阶段中的 OP 段,其拉力 F 和伸长 ΔL 成正比关系,表明钢材的应力 R 与延伸率(或称应变)为线性关系,完全遵循虎克定律,则 OP 段称为线弹性阶段。故点 P 对应的应力 R_F 称为材料的比例极限,如图 1—3 所示。在该弹性阶段内可以测定材料的弹性模量 E,弹性模量是材料的弹性性质优劣的重要特征之一。实验时如果当应力继续增

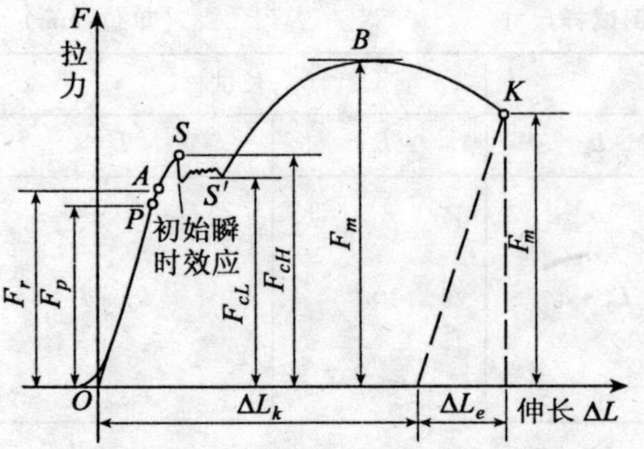

F_p—比例伸长力；F_r—弹性伸长力；F_{eH}—上屈服力；

F_{eL}—下屈服力；F_m—最大力；F_k—断裂力；

ΔL_k—断裂后塑性伸长；ΔL_c—弹性伸长

图 1—2　低碳钢试样拉伸图

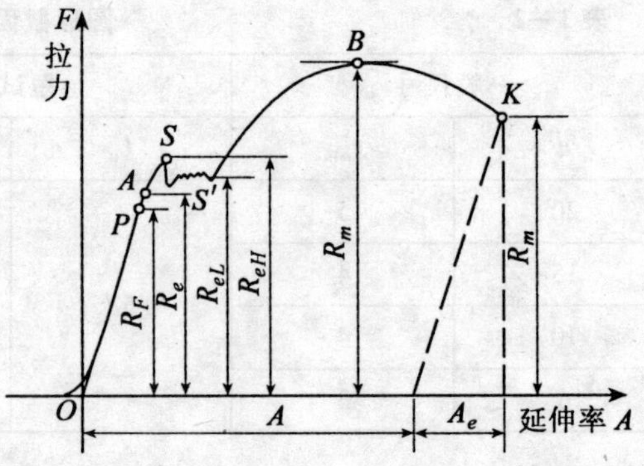

R_P—比例极限；R_e—弹性极限；

R_{eH}—上屈服强度；R_{eL}—下屈服强度；

R_m—抗拉强度；R_k—断裂应力；

A—断裂后伸长：A_e—弹性延伸率

图 1—3　低碳钢应力延伸率图

加达到 A 点所对应的应力 R_e 时，则应力与应变之间的关系不再是线性关系，但变形仍然是弹性的，即卸除拉力后变形完全消失，这呈现出非线性弹性性质。故 A 点对应的应力 R_e 称为材料的弹性极限，把 PA 段称为非线性弹性阶段。工程上对材料的弹性极限（非线性阶段）和比例极限（线性弹性阶段）并不严格区分，而是把拉力卸掉后，用精密仪器测定其不能恢复的塑性应变约为 0.02% 所对应的应力值界定为规定非比例伸长应力（或称条件弹性极限）$R_{e0.02}$，该应力是控制钢材在弹性变形范围内工作的有效指标，在工程上很有实用价值。

2）屈服阶段 AS'：当应力超过弹性极限继续增加达到锯齿状曲线 SS'时，示力度盘上的指针暂停转动或开始稍微回转并往复运动，这时在试样表面上可以看到表征金属晶体滑移的迹线，大约与试样轴线成45°方向的螺旋线。这种现象表征试样在承受的拉力不继续增加或稍微减小的情况下却继续伸长达到塑性变形发生，这种现象称为试样材料的屈服，其相对应的应力称为屈服应力（或屈服强度）。示力度盘的指针首次回转前的最高应力 R_{eH} 称为上屈服强度，在屈服阶段不计初始瞬时效应时的最低应力 R_{eL} 称为下屈服强度。由于上屈服强度受实验速率、试样变形速率和试样形式等因素的影响不够稳定，而下屈服强度则比较稳定，故工程中一般要求准确测定下屈服强度 R_{eL} 作为材料的屈服极限 σ_s。其计算公式为 $R_{eL}(\sigma_s) = F_{eL}/S_0$。如果材料没有明显的屈服现象，工程上常用产生规定残余延伸率为 0.2% 时的应力 $R_{r0.2}$ 作为规定残余延伸强度，又称条件屈服极限 $\sigma_{r0.2}$。屈服强度（或屈服极限）是衡量材料强度性能优劣的一个重要指标。本实验要求准确测定其屈服强度。

3）强化阶段 S'B：当过了屈服阶段后，试样材料因发生明显塑性变形，其内部晶体组织结构重新得到了排列调整，其抵抗变形的能力有所增强，随着拉力的增加，伸长变形也随之增加，故拉伸曲线继续上凸升高形成 S'B 曲线段，称为试样材料的强化阶段。在该阶段中试样随着塑性变形量累积增大，促使材料的力学性能也发生变化，即材料的塑性变形性能劣化，材料抵抗变形能力提高，这种特征称为形变强化或冷作硬化。当拉力增加达到拉伸曲线顶点 B 时，示力度盘上的主动针开始返回，而被动针所指的最大拉力为 F_m，依 F_m 求得材料抗拉强度 $R_m = F_m/S_0$，材料抗拉强度也是衡量材料强度性能优劣的又一重要指标。本实验也要准确测定其抗拉强度。

4）颈缩和断裂阶段 BK：对于低碳钢类塑性材料来说，在承受拉力达 F_m 以前，试样发生的变形在各处基本上是均匀的。但在达到 F_m 以后，则变形主要集中于试样的某一局部区域，在该区域处横截面面积急剧缩小，这种特征就是所谓颈缩现象。实验中试样一旦出现"颈缩"，此时拉力随即下降，示力度盘上的主动针继续回转，直至试样被拉断，则拉伸曲线由顶点 B 急剧下降至断裂点 K，故称曲线 BK 阶段为颈缩和断裂阶段。试样被拉断后，弹性变形消失，而塑性变形则保留在拉断的试样上，其断口形貌呈杯锥状，如图 1—4 所示。利用试样原始标距内的残余变形来计算材料的断后伸长率 A 和断面收缩率 Z，其计算公式为：

断后伸长率 $$A = \frac{L_u - L_0}{L_0} \times 100\%$$

断面收缩率 $$Z = \frac{S_u - S_0}{S_0} \times 100\%$$

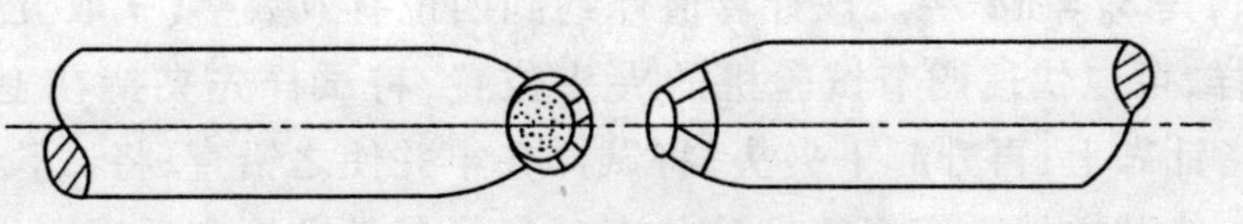

图 1—4　低碳钢试样断口

式中：L_0——原始标距长度；

S_0——原始横截面面积；

L_u——试样断裂后标距长度；

S_u——试样断裂后颈缩处最小横截面面积。

（2）铸铁拉伸实验原理

对铸铁试样做拉伸实验时，利用试验机的自动绘图装置可以绘出铸铁试样的拉伸图，如图 1—5 所示。实验表明，在整个拉伸过程中试样变形很小，无屈服和颈缩现象，拉伸图上无明显直线段，拉伸曲线很快达到最大拉力 F_m，试样突然发生断裂，其断口平齐粗糙，是一种典型的脆性破坏断口，如图 1—6 所示。其抗拉强度（或强度极限）$R_m = F_m / S_0$，该强度远小于低碳钢材料的抗拉强度。

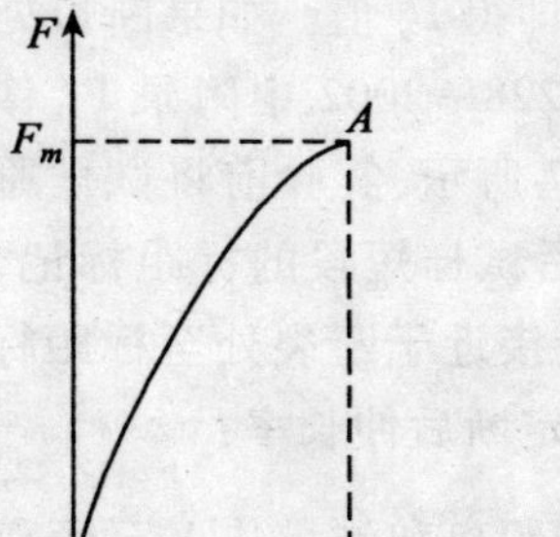

图 1—5　铸铁试样拉伸图

图 1—6　铸铁试样断口

6. 实验步骤

(1)根据试样的形状、尺寸和预估材料的抗拉强度来估算最大拉力,并使该拉力位于试验机示力度盘量程的40%~80%内,以选择合适的示力度盘和相应的摆锤。然后选用与试样头部相适应的夹具,以使试样安装在试验机上时夹持牢固。

(2)用细砂纸打磨低碳钢试样表面,使之光亮洁净。在试样的原始标距长度 L_0 范围内,用试样划线器细划等分10个分格线,标距端点可以做上颜色标记,对原始标距的标记应准确到±1%,以便观察标距范围内沿轴向变形和晶体滑移迹线的情况,也便于试样断裂后测定断后伸长率。

(3)根据 GB/T 228—2002《金属材料室温拉伸试验方法》中第7章的规定,测定试样原始横截面面积。本次实验采用圆形截面试样,应在标距的两端及中间处的两个相互垂直的方向上各测一次横截面直径 d,取其算术平均值,选用三处中平均直径最小值,并以该值计算横截面面积 S_0,其 $S_0=\pi d^2/4$。该计算值修约到四位有效数字(π 取五位有效数字)。

(4)安装试样,可以快速调节试验机的夹头位置,将试样先夹持在上夹头中,再把测力指针调零,随动指针靠上;再升起下夹头,将试样夹牢并使之铅直;将试验机上自动绘图装置及绘图纸调整好,使试样处于完好待实验状态。经指导教师检查后即可以开始实验。

(5)在加载实验过程中,总的要求应是缓慢、均匀、连续地进行加载。

对低碳钢试样,测定下屈服强度 R_{eL},在试样平行长度的屈服期间其应变速率应在0.00025/s~0.0025/s之间,实验中平行长度内的应变速率应尽可能保持恒定;测定抗拉强度 R_m 时,试样平行长度的应变速率不应超过0.008/s。在上述规定的应变速率的范围内选择确定一适宜的实验速率。对于铸铁试样,测定抗拉强度 R_m 时,试样平行长度的应力速率不应超过6N/mm²/s。

(6)在实验中,对低碳钢试样,要注意观察拉伸过程四个特征阶段中的各种现象,记下示力度盘上指针首次停止时的上屈服点力 F_{eH} 值、主动针往复回转所指示下屈服点力 F_{eL} 值和最大力 F_m 值。对于铸铁试样,记下示力度盘上最大力 F_m 值。当试样被拉断后立即停机,并取下试样观测。

(7)对于拉断后的低碳钢试样,要分别量测断裂后的标距 L_u 和颈缩处的最小直径 d_u。按照 GB/T 228—2002 中的规定测定 L_u 时,将试样断裂后的两段在断口处紧密地对接起来,尽量使其轴线位于一条直线上,直接测量原始标距两端的距离即得 L_u 值。如果断口处到最邻近标距端点的距离小于或等于$(1/3)L_0$ 时,则需要用 GB/T 228—2002 中附录 F《移位方法测定断后伸长率》的方法来计算试样断后伸长率。如图1—7所示,实验前将试样原始标距 L_0 细分为 N(例如10)等分,在实验后,以符号 X 表示断裂后试样短段的标距标记,以符号 Y 表示断裂试样长段的等分标记,该标记与断裂处的距离最接近于断裂处至标距标记 X 的距离。若 X 与 Y 之间的分格数为 n,可以按下述情况分别测定断后伸长率:

1)若 $N-n$ 为偶数,如图1—7(a)所示,测量 X 与 Y 之间的距离和测量从 Y 至距离为 $\frac{1}{2}(N-n)$ 个分格的 Z 标记之间的距离,则计算断裂伸长率公式为

$$A=\frac{XY+2YZ-L_0}{L_0}\times 100\%$$

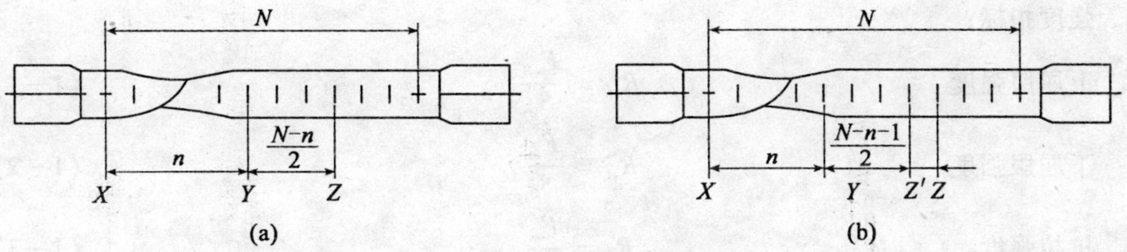

图 1—7　移位方法的图示说明

2)若 $N-n$ 为奇数,如图 1—7(b)所示,测量 X 与 Y 之间的距离和测量从 Y 至距离分别为$\frac{1}{2}(N-n-1)$和$\frac{1}{2}(N-n+1)$个分格的 Z'和 Z''标记之间的距离,则计算断裂伸长率公式为

$$A=\frac{XY+YZ'+YZ''-L_0}{L_0}\times 100\%$$

(8)拉伸实验的记录表格形式如表 1—4 和表 1—5 所示。

表 1—4　　试验前试样尺寸

材　料	原始标距 L_0/mm	原始直径 d/mm									原始横截面面积 S_0/mm²
		截面 Ⅰ			截面 Ⅱ			截面 Ⅲ			
		(1)	(2)	平均	(1)	(2)	平均	(1)	(2)	平均	
低碳钢											
铸　铁											

表 1—5　　试验后试样尺寸

断裂后标距长度 L_u/mm	断口(颈缩)处最小直径 d_u/mm			断口处最小横截面面积 S_u/mm²
	(1)	(2)	平　均	
试样断裂后简图	低碳钢		铸　铁	

7. 实验结果处理

根据实验测定的数据,可以分别计算出材料的强度指标和塑性指标。

(1)低碳钢

强度指标：

上屈服强度 $$R_{eH}=\frac{F_{eH}}{S_0},\tag{1—1}$$

下屈服强度 $$R_{eL}=\frac{F_{eL}}{S_0},\tag{1—2}$$

抗拉强度 $$R_m=\frac{F_m}{S_0}。\tag{1—3}$$

塑性指标：

断后伸长率 $$A=\frac{L_u-L_0}{L_0}\times 100\%\tag{1—4}$$

断面收缩率 $$Z=\frac{S_0-S_u}{S_0}\times 100\%\tag{1—5}$$

(2)铸铁

强度指标：

抗拉强度 $$R_m=\frac{F_m}{S_0}\tag{1—6}$$

(3)绘出拉伸过程中的 $F—\Delta L$ 曲线，对实验中观察到的各种现象进行分析比较，并写入实验报告中。

对于上述实验中的原始数据和实验结果数据要进行修约，以便使整理出的实验数据资料简明、清晰。具体修约的数据内容按照 GB/T 8170—1987《数值修约规则》的规定处理。对于试样原始横截面面积的计算应修约到四位有效数字；对于短比例试样的原始标距计算值应修约到最接近 5mm 的倍数；对于长比例试样的原始标距计算值应修约到最接近 10mm 的倍数，若为中间数值则向较大一方修约；对于所测定性能数值的修约按表 1—6 规定执行。

表 1—6 性能数值修约

测试项目	范围	修约到
R_F、R_e、R_r、R_{eH}、R_{eL}、R_m	$=200\text{N/mm}^2$ $200\sim1000\text{N/mm}^2$ $>1000\text{N/mm}^2$	1N/mm^2 5N/mm^2 10N/mm^2
A	$=10\%$ $>10\%$	0.5% 1.0%
Z	$=25\%$ $>25\%$	0.5% 1.0%

§1.2 金属材料弹性常数 E 和 μ 的测定

弹性模量 E 是表征材料力学性能的重要指标之一，该指标反映了材料抵抗弹性变形的能力,即材料的刚度。横向变形系数 μ(泊松比)是材料固有的弹性常数,该常数反映了同一种材料在弹性范围内,横向应变与纵向应变间的数量关系,它们只能通过实验来测定。

可以证明,对于各向同性材料的三个弹性常数 E、μ 和 G(剪切弹性模量),必须满足关系式 $G=E/2(1+\mu)$。据此,测定其中两个弹性常数,即可以确定第三个弹性常数。

1.2.1 引伸计法测定材料的弹性模量 E

1. 实验目的

(1)应用机械式引伸计测定金属材料的弹性模量 E。

(2)熟悉机械式引伸计的构造、原理和操作方法。

(3)学习拟定实验加载方案和实验数据处理方法。

(4)验证单向虎克定律。

2. 实验仪器和设备

(1)万能材料试验机或拉伸实验装置。

(2)机械式引伸计(球铰式引伸计或蝶式引伸计)。

(3)游标卡尺等。

3. 实验原理和方法

测定材料弹性模量 E 一般采用比例极限内的拉伸实验,材料在比例极限内其载荷 F 与试样的绝对伸长变形 ΔL 的关系为

$$\Delta L=\frac{FL}{ES} \tag{1—7}$$

若已知施加的载荷 F 及试样尺寸,只要测得试样的伸长 ΔL,即可以得出弹性模量 E

$$E=\frac{FL}{(\Delta L)S} \tag{1—8}$$

由于试样的弹性变形 ΔL 很小,需要借助于引伸计这样的仪器来放大和显示微小的变形。

为了验证虎克定律和消除测量中的偶然误差,同时便于在实验过程中就能观察实验的质量,一般采用等增量法加载,即将欲加的最终载荷分成若干等分,逐级加载以测量试样的变形。设试件横截面面积为 S_0,引伸计标距为 L_0,各级载荷增加量相等即等于 ΔF,各级伸长增加量为 $\delta(\Delta L)_i$,则式(1—8)可以改写为

$$E_i=\frac{\Delta FL_0}{\delta(\Delta L)_iS_0} \tag{1—9}$$

式(1—9)中下标 i 为加载级数($i=1,\ 2,\cdots,\ n$)。

若用引伸计读数直接表示,由于

$$\delta(\Delta L)_i=\frac{\Delta N_i}{m} \tag{1—10}$$

式(1—10)中 ΔN_i 为每级引伸计读数的增加量,m 为引伸计放大倍数,这样式(1—9)可以改写为

$$E_i = \frac{\Delta F L_0 m}{\Delta N_i S_0} \tag{1—11}$$

由实验可以发现：当各级载荷增量 ΔF 相等时，相应地由引伸计测出的伸长增加量 $\delta(\Delta L)$ 也基本相等，这就验证了单向虎克定律的正确性。

实验前应拟定好加载方案，一般按下列原则考虑：

(1)由于要求在材料的比例极限内进行实验，所以实验时材料的最大应力值不能超过其比例极限，但也不能小于其一半，对于碳钢一般取其屈服极限 σ_s 的 70% ~80% 。

(2)实验时载荷的最大值要与所使用的试验机的测力范围相适应，即 F_{max} 值应在满量程的 60% ~80% 的范围内。

(3)初载荷可以按所用度盘量程的 10% 或稍大于该标准来确定。

(4)至少应有 5 级加载，而且每级加载应使引伸计读数有明显的变化。

4. 实验步骤

(1)测量试样的原始尺寸。在试样的标距两端及中间处相互垂直的两个方向上各测量一次直径，取其算术平均值，然后再按三处直径的平均值来计算其横截面面积。如表 1—7 所示。

表 1—7　　引伸计法测 E 测试尺寸

材料	标距 L_0/mm	直径 d_0/mm									横截面面积(平均) S_0/mm²
		截面 I			截面 II			截面 III			
		(1)	(2)	平均	(1)	(2)	平均	(1)	(2)	平均	
低碳钢											

(2)拟定等增量加载方案，确定初载荷 F_0、载荷增量 ΔF 及最终载荷 F_{max}。

(3)以最终载荷 F_{max} 为试验机测力度盘满量程的 80%，选择试验机的测力度盘并配置相应的摆锤。

(4)安装试样：调整引伸计标距使 $L_e = L_0$，并在试样上正确安装引伸计；缓慢加载到初载荷 F_0，检查引伸计的工作状态是否正常，若不正常应重新安装和调整引伸计。

(5)按拟定加载方案逐级缓慢加载进行实验，并记录相应载荷下引伸计千分表上读数 N_i 及前后两次读数的差值 ΔN_i，借以判断实验是否正常和验证虎克定律的正确性。注意所用引伸计的放大倍数 m，加载到最终载荷 F_{max} 后，再卸至初载荷 F_0 时，引伸计应回到初始零位。如表 1—8 所示。

(6)重复实验步骤(5)进行实验 2 ~3 次。

表 1—8　引伸计法测 E 实验数据(第一次测量)

载荷/kN		千分表读数/格		弹性模量 E/MPa
F_i	ΔF_i	A_i	ΔA_i	
$F_1=$		$A_1=$		
$F_2=$		$A_2=$		计算公式及结果
$F_3=$		$A_3=$		$E_1=$
$F_4=$		$A_4=$		
$F_5=$		$A_5=$		

5. 实验数据处理

(1)由式(1—11)计算弹性模量 E_i

$$E_i=\frac{\Delta F L_0 m}{\Delta N_i S_0}$$

求出每次弹性模量 E_i 后,再取其算术平均值,即

$$\bar{E}=\sum_{i=1}^{n}\frac{E_i}{n} \tag{1—12}$$

(2)根据最小二乘法原理,可以求出 E 的"最佳"值

$$E=\frac{L_0}{S_0}\frac{\sum_{i=1}^{n}F_i^2}{\sum_{i=1}^{n}F_i\Delta L_i} \tag{1—13}$$

若采用等增量法加载,即 $F_i=i\Delta F$,代入式(1—13)得

$$E=\frac{mL_0\Delta F\sum_{i=1}^{n}i^2}{S_0\sum_{i=1}^{n}i\Delta N_i} \tag{1—14}$$

其中 $i=1,\ 2,\ \cdots,\ n$,n 为加载级数。

(3)由式(1—13)、式(1—14)计算出的 E 值都要修约到 100N/mm^2。

6. 思考题

(1)为什么用拉伸实验测弹性模量 E 时,试样的横截面面积 S_0 为标距两端及中间处三者横截面尺寸的平均值,而做测量材料力学性能的拉伸破坏实验时采用三处横截面面积中的最小值?

(2)试样的尺寸和形状对测定弹性模量 E 有无影响?

(3)实验时为什么要先加初载荷?

(4)用等量增载法求出的弹性模量 $\bar{E}$ 与一次加载到最终值所求出的弹性模量 E 是否相同?

1.2.2 电测法测定材料的弹性常数 E 和 μ

1. 实验目的

(1)测定碳钢的弹性模量 E 和泊松比 μ 值。

(2)了解电测法的基本原理及静态电阻应变仪的使用。

(3)验证单向虎克定律。

2. 实验仪器和设备

(1)万能材料试验机。

(2)静态电阻应变仪。

(3)游标卡尺。

3. 实验原理和方法

(1)实验采用等级增量加载法,设载荷增量为 ΔF,各变形增量的平均值为 $\Delta(\Delta L)$,则由虎克定律知,该材料的弹性模量 E 为

$$E=\frac{\Delta F L_0}{S_0\Delta(\Delta L)} \tag{1—15}$$

由于本实验是采用电测法测量,故反映变形测试的数据应由应变增量表示,即

$$\Delta\varepsilon=\frac{\Delta(\Delta L)}{L_0} \tag{1—16}$$

所以式(1—15)为

$$E=\frac{\Delta F}{S_0}\cdot\frac{1}{\Delta\varepsilon} \tag{1—17}$$

(2)材料在受拉伸或压缩时,不仅沿纵向发生纵向变形,在横向也会同时发生缩短或增大的横向变形。由材料力学知在弹性变形范围内,横向应变 e_y 和纵向应变 e_x 成正比关系,这一比值称为材料的泊松比 μ,即

$$\mu=\left|\frac{\varepsilon_y}{\varepsilon_x}\right| \tag{1—18}$$

实验时,若同时测得材料的纵向应变 ε_x 与横向应变 ε_y,则可以由式(1—18)算得材料的泊松比 μ。

为了同时测得材料的纵向应变 ε_x 与横向应变 ε_y,根据应变电测法的基本原理,应在试样中部沿纵向和横向各布设一电阻应变计 R_{1-1} 和 R_{2-1},同时在试样的另一面对称位置也相应地布设应变计 R_{1-2} 和 R_{2-2} 如图 1—8 所示。试样通过圆柱销和“Y”形接头安装于万能材料试验机上加载,加载方案与 1.2.1 中的实验相同。

设同级载荷 F_i 下,两纵向应变计的应变平均值为 $\bar{\varepsilon}_{ix}$,两横向应变计的应变平均值为

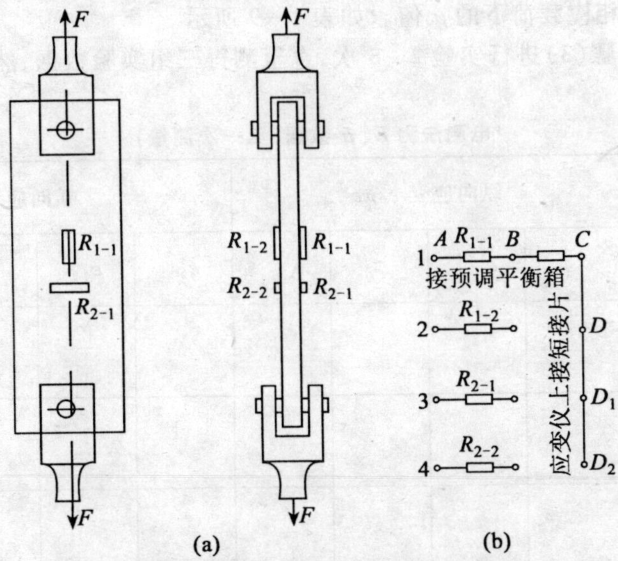

(a)试样及其贴片;(b)多点半桥公共补偿接法

图1—8　测定 E、μ 的试样及其贴片位置、电桥接法

$\bar{\varepsilon}_{iy}$,而 $\Delta\bar{\varepsilon}_{ix}$ 和 $\Delta\bar{\varepsilon}_{iy}$ 分别为相邻两级载荷下的相应应变增量,测得并算出这些量后,即可以用求算术平均值或最小二乘法分别处理实验数据,得

$$\bar{E}=\frac{\sum_{i=1}^{n}E_i}{n}=\frac{\sum_{i=1}^{n}E_i\left(\frac{\Delta F}{S_0\Delta\bar{\varepsilon}_{ix}}\right)}{n}=\frac{\Delta F}{nS_0}\sum_{i=1}^{n}\left(\frac{1}{\Delta\bar{\varepsilon}_{ix}}\right)\tag{1—19}$$

$$E=\frac{1}{S_0}\frac{\Delta F^2}{\Delta F}=\frac{\sum_{i=1}^{n}i^2}{\sum_{i=1}^{n}i\Delta\bar{\varepsilon}_{ix}}=\frac{\Delta F}{S_0}\frac{\sum_{i=1}^{n}i^2}{\sum_{i=1}^{n}i\Delta\bar{\varepsilon}_{ix}}\tag{1—20}$$

$$\mu=\frac{1}{n}\sum_{i=1}^{n}\left|\frac{\Delta\bar{\varepsilon}_{iy}}{\Delta\bar{\varepsilon}_{ix}}\right|\tag{1—21}$$

以上三式中,$i=1, 2, \cdots, n$,n 为载荷级数。

在等增量加载条件下,若纵向应变的增量 $\Delta\varepsilon_{ix}$ 大致相等,这就验证了单向虎克定律。

4. 实验步骤

实验步骤的(1)~(3)与1.2.1中的实验相同。

(1)安装试样。

(2)本实验采用多点半桥公共补偿法测量。按图1—8所示的线路,将测量片 R_{1-1}、R_{1-2}、R_{2-1}、R_{2-2} 和温度补偿片 R_t 分别接到电阻应变仪上,调整电阻应变仪,使电桥处于平衡状态。

(3)按既定的加载方案,逐级缓慢均匀加载,并记录各级载荷下各测点的应变值 ε_{ix}、ε_{iy},同时计算出其应变增量,以便随时观察各点测量值是否符合线性规律,从而验证虎克定律的正确性，同时计算出相应载荷下的 μ 值。如表 1—9 所示。

(4)重复实验步骤(3)进行实验 2 ~ 3 次，直至测得三组实验数据，然后进行数据处理。

表 1—9　　电测法测 E、μ 数据(第一次测量)

实验次数 / 载荷/kN	纵向应变 $\varepsilon/\mu\varepsilon$				横向应变 $\varepsilon'/\mu\varepsilon$			
	ε_{1-1}	ε_{1-2}	$\bar{\varepsilon}_i$	$\Delta\bar{\varepsilon}_i$	ε_{2-1}	ε_{2-2}	$\bar{\varepsilon}'_i$	$\Delta\bar{\varepsilon}'_i$
F_1 =								
F_2 =								
F_3 =								
F_4 =								
F_5 =								

5. 实验数据处理

(1)按式(1—19) ~ 式(1—21)分别计算 $\bar{E}$、E 和 μ 的值，其中 $\bar{E}$ 和 E 应该修约到 $100N/mm^2$，μ 修约到两位小数。

(2)在 $\sigma O\varepsilon_x$ 坐标系中，绘出各级载荷下的实验数据点，试观察各点是否可以拟合为一直线，以检验是否满足虎克定律。

6. 思考题

(1)本实验中在电阻应变计的布设和实验试样的夹持上都采用了哪些措施？采用这些措施都是为了解决什么因素而可能造成的实验误差？

(2)本实验中电阻应变计的标距长短对实验的测量值有无影响？

(3)应用电测法时，若合理地选择接桥方式不但可以实现温度补偿，还可以有效地提高测试灵敏度，本实验的布片方案已确定，根据这一布片方案，可以设计出哪几种测量 E 和 μ 值的桥路(绘出简图)？试比较各接桥方式的优缺点。

§1.3 金属材料压缩实验

1. 实验目的

(1)测定低碳钢压缩时的下屈服强度 R_{eL}(或屈服极限 σ_s)。

(2)测定铸铁压缩时的抗压强度 R_m(或抗压强度极限 σ_b)。

(3)观察并比较低碳钢和铸铁在压缩时的缩短变形和破坏现象。

2. 预习思考要点

(1)用短圆柱状低碳钢和铸铁试样做压缩实验时,怎样才能做到使其轴向(心)受压?放置压缩试样的支承垫板底部为什么制作成球形?

(2)圆柱状低碳钢试样被压缩成饼状而不破碎,而圆柱状铸铁试样被压破裂面常发生在与轴线大致成45°~55°方向上,二者的变形特征与破坏形式为什么不同?

3. 实验仪器和设备

(1)万能材料试验机。

(2)游标卡尺。

4. 实验试样

对于低碳钢和铸铁类金属材料,按照 GB 7314—1987《金属压缩试验方法》的规定,金属材料的压缩试样多采用圆柱体,如图 1—9 所示。试样的长度 L 一般为直径 d 的 2.5~3.5 倍,其直径 d =10~20mm。也可以采用正方形柱体试样,如图 1—10 所示。要求试样端面应尽量光滑,以减小摩阻力对横向变形的影响。

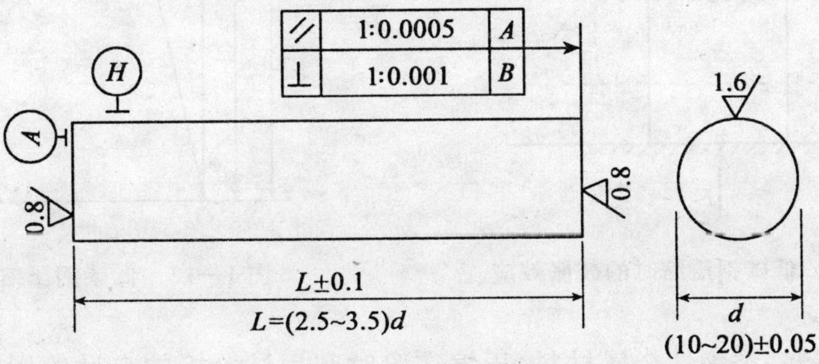

图 1—9 圆柱体试样

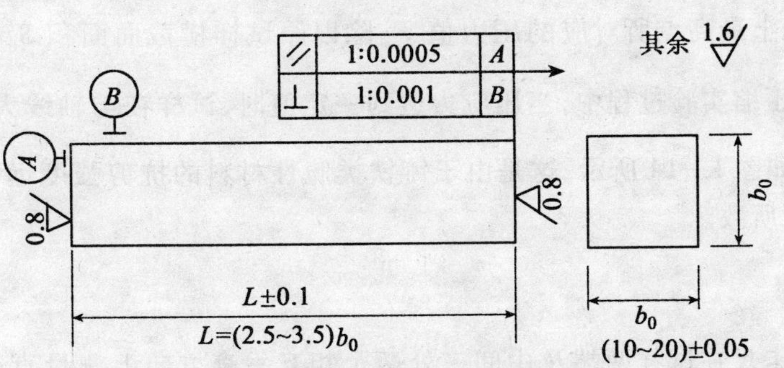

图 1—10 正方形柱体试样

5. 实验原理

(1)低碳钢:以低碳钢为代表的塑性材料,轴向压缩时会产生很大的横向变形,但由于试样两端面与试验机支承垫板间存在摩擦力,约束了这种横向变形,故试样出现显著的鼓胀效应,如图1—11所示。为了减小鼓胀效应的影响,通常的做法是除了将试样端面制作得光滑以外,还可以在端面涂上润滑剂以利最大限度地减小摩擦力。低碳钢试样的压缩曲线如图1—12所示,由于试样越压越扁,则横截面面积不断增大,试样抗压能力也随之提高,故曲线是持续上升为很陡的曲线。从压缩曲线上可以看出,塑性材料受压时在弹性阶段的比例极限、弹性模量和屈服阶段的屈服点(下屈服强度)与拉伸时是相同的。但压缩实验过程中达到屈服阶段时不像拉伸实验那样明显,因此要认真仔细观察才能确定屈服荷载 F_{eL},从而得到压缩时的屈服点强度(或下屈服强度)$R_{eL}=\frac{F_{eL}}{S_0}$。由于低碳钢类塑性材料不会发生压缩破裂,因此,一般不测定其抗压强度(或强度极限)R_m,而通常认为抗压强度等于抗拉强度。

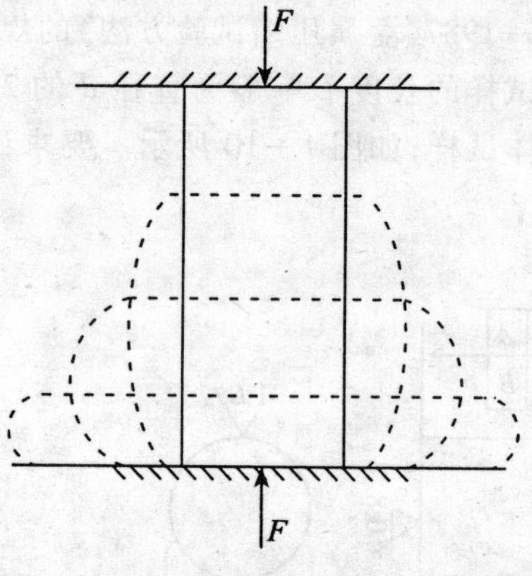

图1—11 低碳钢压缩时的鼓胀效应

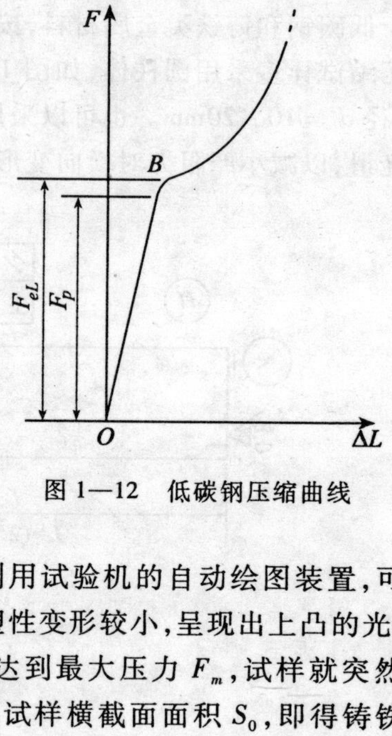

图1—12 低碳钢压缩曲线

(2)铸铁:对铸铁类脆性金属材料,压缩实验时利用试验机的自动绘图装置,可以绘出铸铁试样压缩曲线,如图1—13所示,由于轴向压缩塑性变形较小,呈现出上凸的光滑曲线,压缩图上无明显直线段、无屈服现象,压缩曲线较快达到最大压力 F_m,试样就突然发生破裂。将压缩曲线上最高点所对应的压力值 F_m 除以原试样横截面面积 S_0,即得铸铁抗压强度 $R_m=\frac{F_m}{S_0}$。在压缩实验过程中,当压应力达到一定值时,试样在与轴线大约45°~55°的方向上发生破裂,如图1—14所示,这是由于铸铁类脆性材料的抗剪强度远低于抗压强度,从而使试样被剪断所致。

6. 实验步骤

(1)用游标卡尺在试样两端及中间三处两个相互垂直方向上测量直径,并取其算术平均值,选用三处中的最小直径来计算原始横截面面积 S_0。

(2)根据低碳钢屈服荷载和铸铁最大实际压力的估计值(该估计值应是满量程的

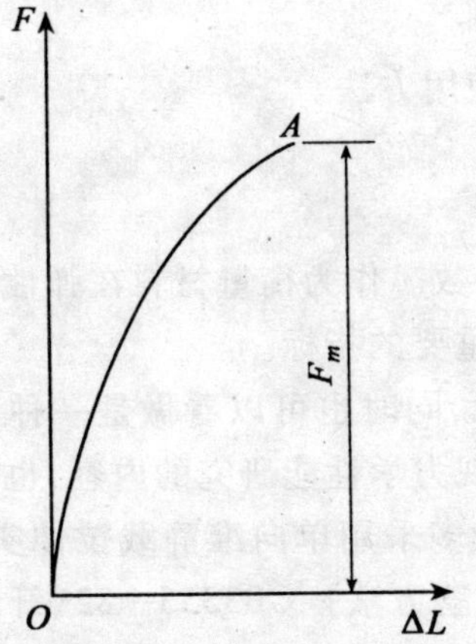

图1—13 铸铁压缩曲线

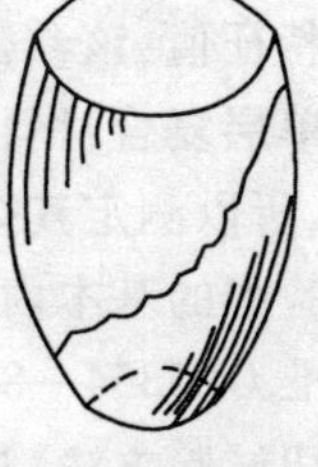

图1—14 铸铁压缩破坏示意图

40%～80%)，选择试验机及其示力度盘，并调整其指针对零。对试验机的基本要求，经国家计量部门定期检验后应达到1级或优于1级准确度，实验时所使用力的范围应在检验范围内。

(3)调整好试验机上的自动绘图装置。

(4)将试样端面涂上润滑剂后，再将其准确地置于试验机活动平台的支承垫板中心处。对上、下承压垫板的平整度，要求每100mm长度内应小于0.01mm。

(5)调整好试验机夹头间距，当试样端面接近上承压垫板时，开始缓慢、均匀加载。在加载实验过程中，其实验速度总的要求应是缓慢、均匀、连续地进行加载，具体规定速度为0.5～0.8MPa/s。

(6)对于低碳钢试样，若将试样压成鼓形即可以停止实验。对于铸铁试样，加载到试样破裂时(可以听见响声)立即停止实验，以免试样进一步被压碎。

(7)做铸铁试样压缩时，注意在试样周围安放防护网，以防试样破裂时碎碴飞出伤人。

7. 实验结果处理

根据实验测定的数据，可以分别计算出低碳钢和铸铁的强度性能指标，并按前述拉伸实验中表1—6中的规定进行修约。

(1)低碳钢的下屈服强度(或屈服极限σ_s)指标

$$R_{eL}=\frac{F_{eL}}{S_0} \tag{1—22}$$

(2)铸铁的抗压强度指标

$$R_m=\frac{F_m}{S_0} \tag{1—23}$$

§1.4 复合材料弹性常数的测定

1. 实验目的

(1)掌握单层复合材料弹性常数的测定方法。

(2)了解单层复合材料的各向异性特性。

(3)进一步熟悉电测法的测试步骤,学会应变仪的使用方法。

2. 预习思考要点

材料的弹性常数是材料宏观力学性质的一项基本参数。作为衡量材料在弹性变形情况下行为的特征值,该参数是科研和工程设计中一项十分重要的指标。

由于单层复合材料是复合材料层压结构的基本单元,同时也可以看做是一种最基本的复合材料,所以测定其弹性常数的实验既是复合材料宏观力学性能研究的内容,也是复合材料力学实验中的基本内容。单层复合材料力学性能实验多采用单向准静载拉伸实验,并且按国家标准 GB3354—82《定向纤维增强塑料拉伸性能试验方法》、GB3355—82《纤维增强塑料纵横剪切试验方法》进行。实验采用电阻应变电测法。我们知道,各向同性材料,例如各种常用金属材料,独立的弹性常数是两个,即杨氏弹性模量 E 和泊松比 μ(或剪切弹性模量 G)。而复合材料,由于其突出的各向异性性质,独立的弹性常数增加了。如图 1—15 所示单层复合材料板(简称单层板),是一种均匀正交各向异性材料,在可以简化成广义平面应力问题的情况下,独立的弹性常数是四个。它们是:顺主纤维方向(纵向)弹性模量 E_L、垂直主纤维方向(横向)弹性模量 E_T、顺主纤维方向泊松比 μ_{LT}(或垂直主纤维方向泊松比 μ_{TL})以及平面剪切弹性模量 G_{LT}。

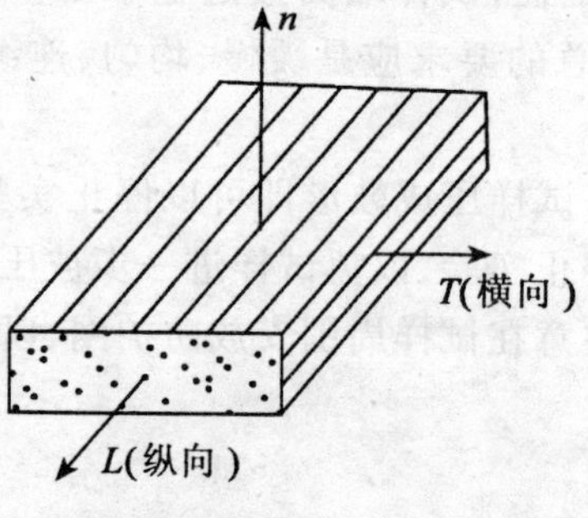

图 1—15 单向纤维单层复合材料构造形式

单层复合材料正轴本构关系为

$$\begin{bmatrix} \varepsilon_1 \\ \varepsilon_2 \\ \varepsilon_3 \end{bmatrix} = \begin{bmatrix} S_{11} & S_{12} & 0 \\ S_{21} & S_{22} & 0 \\ 0 & 0 & S_{66} \end{bmatrix} \begin{bmatrix} \sigma_1 \\ \sigma_2 \\ \sigma_3 \end{bmatrix} \tag{1—24}$$

式(1—24)中 S_{ij} 为柔度分量,有

$$S_{11} = \frac{1}{E_L}, \quad S_{22} = \frac{1}{E_T}, \quad S_{12} = -\frac{\mu_{LT}}{E_T}, \quad S_{21} = -\frac{\mu_{TL}}{E_L}, \quad S_{66} = \frac{1}{G_{LT}}$$

使用单向拉伸试件可以测定纤维方向(0°方向)和垂直纤维方向(90°方向)的拉伸模量 E_L、E_T,泊松比 μ_{LT} 和 μ_{TL}。为了判别实验是否可靠,建议检查一下 $E_L\mu_{LT}$ 和 $E_T\mu_{TL}$ 是否近似相等。

单层复合材料偏轴本构关系为

$$\begin{bmatrix}\varepsilon_x\\ \varepsilon_y\\ \gamma_{xy}\end{bmatrix}=\begin{bmatrix}\bar{S}_{11} & \bar{S}_{12} & \bar{S}_{16}\\ \bar{S}_{12} & \bar{S}_{22} & \bar{S}_{26}\\ \bar{S}_{16} & \bar{S}_{26} & \bar{S}_{66}\end{bmatrix}\begin{bmatrix}\sigma_x\\ \sigma_y\\ \tau_{xy}\end{bmatrix} \tag{1—25}$$

式中,非主方向柔度系数用工程常数给出,有

$$\begin{cases}\bar{S}_{11}=\dfrac{\cos^4\alpha}{E_L}+\left(\dfrac{1}{G_{LT}}-2\dfrac{\mu_{LT}}{E_L}\right)\sin^2\alpha\cos^2\alpha+\dfrac{\sin^4\alpha}{E_T}\\ \bar{S}_{12}=-\dfrac{\mu_{LT}}{E_L}+\left(\dfrac{1}{E_L}+\dfrac{1}{E_T}+2\dfrac{\mu_{LT}}{E_L}-\dfrac{1}{G_{LT}}\right)\sin^2\alpha\cos^2\alpha\\ \bar{S}_{22}=\dfrac{\cos^4\alpha}{E_T}+\left(\dfrac{1}{G_{LT}}-2\dfrac{\mu_{LT}}{E_L}\right)\sin^2\alpha\cos^2\alpha+\dfrac{\sin^4\alpha}{E_L}\\ \bar{S}_{66}=\dfrac{1}{G_{LT}}+4\left(\dfrac{1}{E_L}+\dfrac{1}{E_T}+2\dfrac{\mu_{LT}}{E_L}-\dfrac{1}{G_{LT}}\right)\sin^2\alpha\cos^2\alpha\\ \bar{S}_{16}=\dfrac{2(1+\mu_{LT})}{E_L}\sin\alpha\cos^3\alpha-\dfrac{2(1+\mu_{LT})}{E_T}\sin^3\cos\alpha+\dfrac{1}{G_{TL}}(\sin^2\alpha-\cos^2\alpha)\sin\alpha\cos\alpha\\ \bar{S}_{26}=\dfrac{2(1+\mu_{LT})}{E_L}\sin^3\alpha\cos\alpha-\dfrac{2(1+\mu_{LT})}{E_T}\sin\alpha\cos^3\alpha+\dfrac{1}{G_{LT}}(\cos^2\alpha-\sin^2\alpha)\sin\alpha\cos\alpha\end{cases} \tag{1—26}$$

取 $a=45°,\sigma_x=\dfrac{P_x}{tb},\sigma_y=\tau_{xy}=0$,由式(1—25)、式(1—26)得

$$\begin{cases}\varepsilon_x=\bar{S}_{11}\sigma_x=\sigma_x\left[\dfrac{1}{4E_L}+\dfrac{1}{4E_T}+\dfrac{1}{4}\left(\dfrac{1}{G_{LT}}-\dfrac{2\mu_{LT}}{E_L}\right)\right]\\ \varepsilon_y=\bar{S}_{12}\sigma_x=\sigma_x\left[-\dfrac{\mu_{LT}}{E_L}+\dfrac{1}{4}\left(\dfrac{1}{E_L}+\dfrac{1}{E_T}+\dfrac{2\mu_{LT}}{E_L}-\dfrac{1}{G_{LT}}\right)\right]\end{cases} \tag{1—27}$$

两式相减,有

$$\varepsilon_x-\varepsilon_y=\frac{\sigma_x}{2G_{LT}} \tag{1—28}$$

于是

$$G_{LT}=\frac{\sigma_x}{2(\varepsilon_x-\varepsilon_y)}=\frac{P_x}{2tb(\varepsilon_x-\varepsilon_y)} \tag{1—29}$$

由上述可知对于单层复合材料只需测出四个弹性常数 E_L、E_T、G_{LT}和 μ_{LT}。又由于一般 μ_{LT}比 μ_{TL}小很多,量级太小,不易测准,故 μ_{LT}可以利用下面等式计算求出

$$\frac{\mu_{LT}}{E_T}=\frac{\mu_{TL}}{E_L} \tag{1—30}$$

3. 实验仪器和设备

(1)材料拉力试验机。

(2)电阻应变片、电阻应变仪。

(3)拉伸试件。

(4)游标卡尺。

4. 实验试样

用单向纤维增强正交各向异性单层板做成如图1—16所示形状的试件,要求试件两端用金属铝片作为加强片加固,加强片厚度为1~2mm,采用粘结剂粘结,要求在实验过程中加强片不脱落。试件尺寸规定如表1—10所示。不同纤维方向的试件尺寸是不同的。

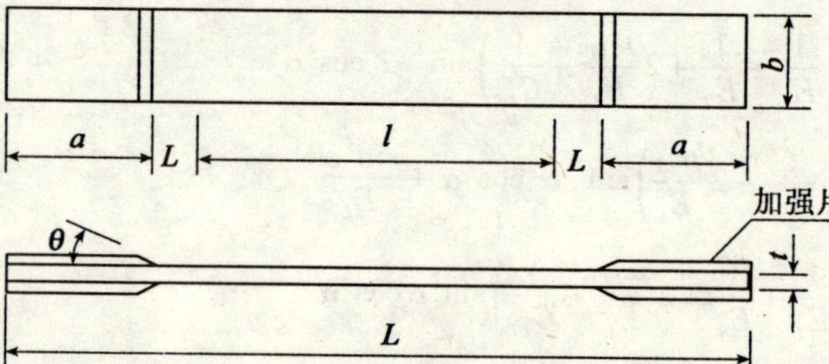

图1—16 拉伸试件形状示意图

表1—10 拉伸试件尺寸

试件类别	尺寸					
	L/mm	b/mm	t/mm	l/mm	a/mm	θ
0°	230	12.5±0.5	1~3	100	50	=15°
90°	170	25±0.5	2~4	50	50	=15°
0°/90°	230	25±0.5	2~4	80	50	=15°
45°/-45°	250	25±0.5	2~4	100	50	=15°

注:测定0°泊松比时,试件宽度可以采用尺寸25±0.5mm。

5. 实验原理

本实验采用应变电测法测定在拉伸荷载作用下的轴向和横向应变。如图1—17所示。

(1)0°试件(顺纤维方向),E_L、μ_{LT}计算公式如下

$$E_L=\frac{\sigma_L}{\varepsilon_L}=\frac{F_L}{bt\varepsilon_L} \quad 或 \frac{\Delta F_L}{bt\Delta\varepsilon_L},\ \mu_{LT}=-\frac{\varepsilon_T}{\varepsilon_L}或-\frac{\Delta\varepsilon_T}{\Delta\varepsilon_L} \qquad (1—31)$$

式中:b——试件宽度;

t——试件厚度;

F_L——纤维方向荷载;

ε_L、ε_T——分别为纤维方向和垂直纤维方向的应变。

(2)90°试件(垂直纤维方向),E_T或μ_{TL}计算公式如下

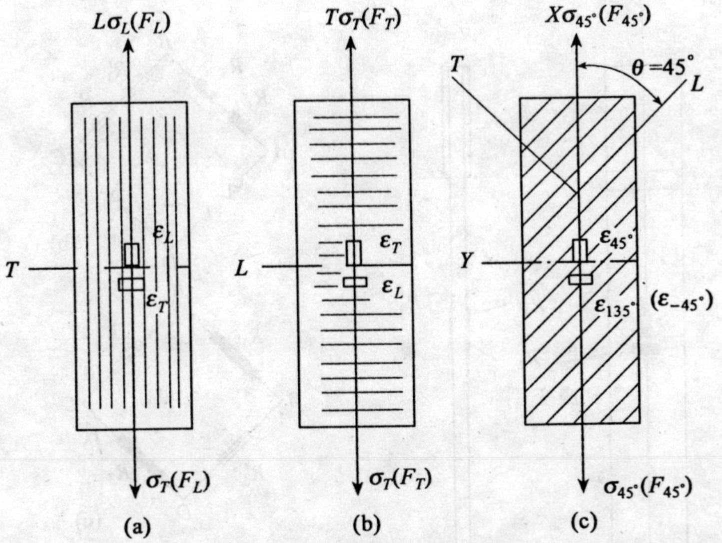

图 1—17 三种复合材料试件在拉伸荷载下轴向和横向应变测定示意图

$$E_T=\frac{F_T}{\varepsilon_T bt} \quad 或\frac{\Delta F_T}{\Delta\varepsilon_T\cdot bt},\ \mu_{TL}=-\frac{\Delta\varepsilon_L}{\Delta\varepsilon_T} \tag{1—32}$$

式中：F_T——垂直纤维方向的荷载。

(3)45°试件（与纤维成45°的偏轴方向），G_{LT}计算公式如下

$$G_{LT}=\frac{\sigma_x}{2(\varepsilon_x-\varepsilon_y)}=\frac{F_{45°}}{2tb(\varepsilon_x-\varepsilon_y)} \quad 或\ G_{LT}=\frac{\Delta F_{45°}}{2tb(\Delta\varepsilon_x-\Delta\varepsilon_y)} \tag{1—33}$$

式中：$F_{45°}$——与纤维成45°方向荷载；

ε_x、ε_y——分别为与纤维成45°和135°方向的应变。

6. 实验步骤

(1)试件准备，取0°（顺纤维方向）、90°（垂直纤维方向）、±45°（与纤维成45°方向）三种单层复合材料拉伸试件，用游标卡尺反复测量尺寸 b 和 t。在试件表面的中部按图1—18(a)所示形式用502快干胶粘贴电阻应变片，应变片可以采用标距为3mm或5mm的箔式片。

(2)电桥连接，将试件上的应变片接入测量电桥，有两种接桥方案可供选择：

① 半桥串联接法，如图1—18(b)所示。将试件上正反面两轴向应变片（R_1、R_3）或两横向应变片（R_2、R_4）串联接入 AE 工作桥臂，而用另一不受载试件（作补偿块用）上的任意两枚应变片串联作为温度补偿接入 BC 桥臂，此时应变仪的读数应变等于测量应变，即

$$\varepsilon_{仪}=\varepsilon_{测} \tag{1—34}$$

② 全桥对臂接法，如图1—18(c)所示。将试件上正反面两轴向应变片（R_1、R_3）或两横向应变片（R_2、R_4）分别接入 AB 桥臂和 CD 桥臂，而 BC，DA 两桥臂接另一不受载试件（作补偿块用）上的两枚应变片。此时应变仪的读数应变为测量应变的两倍。即

$$\varepsilon_{仪}=2\varepsilon_{测} \tag{1—35}$$

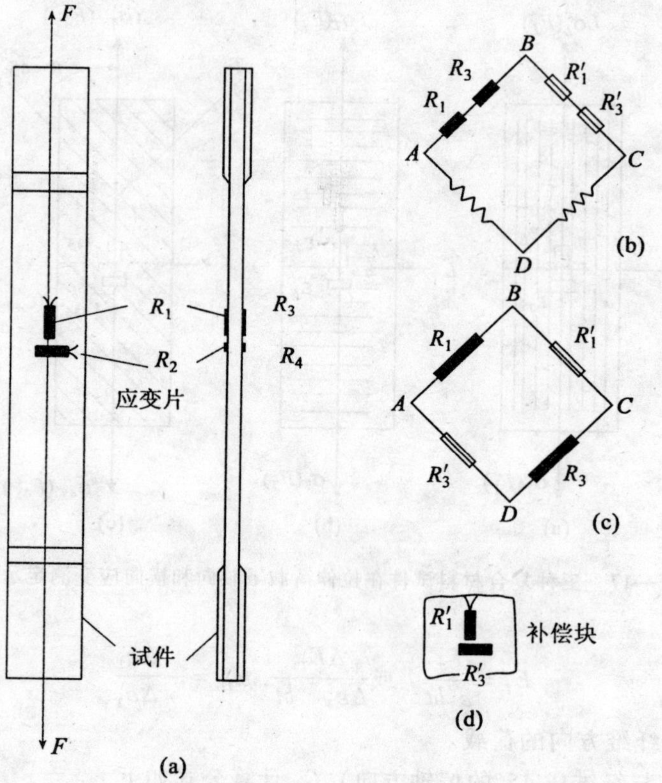

图 1—18 应变片布置测量电桥

(3)加载测试:

① 预估试件材料的拉伸静强度 σ_L^0(或 $\sigma_T^0,\sigma_{45°}^0$)用如下公式

$$F_{\max}=(0.6)\sim0.8)bt\sigma_L^0(\text{或 }\sigma_T^0,\sigma_{45°}^0)$$

确定实验最大载荷(偏轴拉伸强度 $\sigma_{45°}^0$ 可以按蔡—胡失效准则估算)。几种典型(单层)复合材料的力学性能如表 1—11 所示。

表 1—11 几种典型(单层)复合材料的力学性能

材料名称	性能参数					
	E_L/GPa	E_T/GPa	G_{LT}/GPa	X_t/MPa	Y_t/MPa	S/MPa
玻璃/环氧	54.8	18.3	9.2	1 050	31	40
硼/环氧	212	21.1	7.1	1 410	84	130
石墨/环氧	211	53	2.6	1 050	40	70
芳纶/环氧	77	5.6	2.1	1 410	30	45

注:X_t 为顺纤维方向拉伸强度;Y_t 为垂直纤维方向拉伸强度;S 为剪切强度。

② 首先，用相当于材料静强度 σ_L^0 的 10% ~20% 加载，然后将载荷降至 σ_L^0 的 5%，并以此作为初载荷。在试件上施加一恒定的初载荷的目的是为了减少所测应变数据的分散性。

③ 选择加载方法，即是一次加载还是多次加载，本实验采用多次等级加载，该方法可以验证应力—应变关系的线性。由于对偏轴（±45°）拉伸应力—应变关系有较大的非线性，为准确得出该曲线，仍应采用等级加载，而且级差应小些。

④ 由初载分 3 ~4 级载荷增量均匀缓慢地加载到最大荷载 $F_{\max}$，通过 3 ~4 次循环测试，并求出所测应变的平均值，作出应力—应变曲线并计算出各弹性常数。

7. 实验结果处理

（1）0°试件（顺纤维方向）拉伸实验。实验结果记入表 1—12 中。

表 1—12

荷载 F/N	ε_{Lds}		ε_{Tds}	
	读数 $\varepsilon_{dsi}(\mu\varepsilon)$	读数增量 $\varepsilon_{dsi}(\mu\varepsilon)$	读数 $\varepsilon_{dsi}(\mu\varepsilon)$	读数增量 $\varepsilon_{dsi}(\mu\varepsilon)$
0				
F_1				
F_2				
F_3				
F_4				
增量平均值 $\overline{\Delta\varepsilon_{ds}}(\mu\varepsilon)$	$\overline{\Delta\varepsilon_L}=$		$\overline{\Delta\varepsilon_T}=$	
$\Delta F_L=$	$b=$		$t=$	
$E_L=\dfrac{\Delta F_L}{bt\,\overline{\Delta\varepsilon_L}}=$			$\mu_{LT}=-\dfrac{\overline{\Delta\varepsilon_T}}{\overline{\Delta\varepsilon_L}}=$	

（2）90°试件（垂直纤维方向）拉伸试验。实验结果记入表 1—13 中。

表 1—13

荷载 F/N	ε_{Lds}		ε_{Tds}	
	读数 $\varepsilon_{dsi}(\mu\varepsilon)$	读数增量 $\varepsilon_{dsi}(\mu\varepsilon)$	读数 $\varepsilon_{dsi}(\mu\varepsilon)$	读数增量 $\varepsilon_{dsi}(\mu\varepsilon)$
0				
F_1				
F_2				
F_3				
F_4				

续表

荷载 F/N	ε_{Lds}		ε_{Tds}	
	读数 $\varepsilon_{dsi}(\mu\varepsilon)$	读数增量 $\varepsilon_{dsi}(\mu\varepsilon)$	读数 $\varepsilon_{dsi}(\mu\varepsilon)$	读数增量 $\varepsilon_{dsi}(\mu\varepsilon)$
增量平均值 $\overline{\Delta\varepsilon_{ds}}(\mu\varepsilon)$	$\overline{\Delta\varepsilon_T}=$		$\overline{\Delta\varepsilon_L}=$	
$\Delta F_T=$	$b=$		$t=$	
$E_T=\dfrac{\Delta F_T}{bt\,\overline{\Delta\varepsilon_T}}=$			$\mu_{TL}=-\dfrac{\overline{\Delta\varepsilon_L}}{\overline{\Delta\varepsilon_T}}=$	

(3)45°试件(与纤维成45°的偏轴方向)拉伸试验。实验结果记入表1—14中。

表1—14

荷载 F/N	ε_{xds}		ε_{yds}		$\varepsilon_{xds}-\varepsilon_{yds}$	
	读数 $\varepsilon_{dsi}(\mu\varepsilon)$	读数增量$(\mu\varepsilon)$	读数 $\varepsilon_{dsi}(\mu\varepsilon)$	读数增量$(\mu\varepsilon)$	读数 $\varepsilon_{dsi}(\mu\varepsilon)$	读数增量$(\mu\varepsilon)$
0						
F_1						
F_2						
F_3						
F_4						
增量平均值 $\overline{\Delta\varepsilon_{ds}}(\mu\varepsilon)$	$\overline{\Delta\varepsilon_x}=$	$\overline{\Delta\varepsilon_y}=$			$\overline{\Delta\varepsilon_x-\Delta\varepsilon_y}=$	
$\Delta F_{45°}=$	$b=$	$t=$				
$G_{LT}=\dfrac{\Delta F_{45°}}{2bt\,(\overline{\Delta\varepsilon_x-\Delta\varepsilon_y})}=$						

§1.5 圆轴扭转实验

1. 实验目的

(1)测定碳钢的切变屈服点(剪切屈服极限)τ_s 或下屈服点 τ_{ST}、抗扭强度(剪切强度极限)τ_b。

(2)测定铸铁的抗扭强度 τ_b。

(3)观察、比较和分析上述两种典型材料受扭转时的变形和破坏等现象。

2. 实验设备

(1)扭转试验机;

(2)游标卡尺。

3. 试样制备

根据标准 GB10128—88《金属室温扭转试验方法》中的规定,金属扭转试验所用试样为圆形截面,推荐采用直径为 10mm,标距 L_0 分别为 50mm 和 100mm,平行长度 L_C 分别为 70mm 和 120mm 的试样。其头部形状和尺寸应按试验机夹头要求制备。若采用其他直径的试样,其平行长度应为标距加上两倍直径。扭转试样的形状和尺寸以及加工精度如图 1—19 所示。

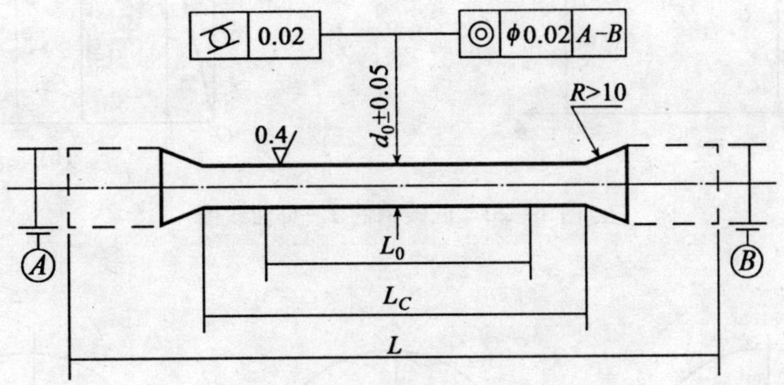

图 1—19 圆形截面扭转试样

4. 实验原理

圆轴承受扭转时,材料处于纯剪应力状态。因此常用扭转实验来研究不同材料在纯剪作用下的力学性质,这对于工程中构件的合理设计和选材是十分重要的。

(1)低碳钢试样的扭转实验全过程,由试验机自动绘图器绘出其扭矩 T 和扭转角 ϕ 的关系曲线,如图 1—20 所示。

由图 1—20 知,在弹性变形 OA 直线段,试样横截面上的扭矩与扭转角成正比关系,其上的剪应力亦呈线性分布,即截面最外缘的剪应力最大,中心的剪应力几乎为零,如图 1—21(a)所示,在这个阶段材料服从切变虎克定律,并可以测定切变模量 G。AB 段为曲线部分。该部分表明这阶段扭矩和扭转角不再成正比关系,横截面上剪应力的分布也不再是线性的,最外缘的剪应力首先达到剪切屈服极限,塑性区由外向里扩展,而形成环状塑性区和截面中部未屈服的弹性区,如图 1—21(b)所示。随着试样继续扭转变形,塑性区不断向圆心扩展,$T-\phi$曲线稍微上升,直至 B 点趋于平坦,这时塑性区几乎占据了全部截面,剪应力趋于均匀分布,如图 1—21(c)所示。扭矩度盘上的指针几乎不动,此时与之对应的扭矩为屈服扭矩 T_s 如图 1—20(a);另一种情况,屈服阶段为锯齿状曲线。度盘指针首次下降前的最大扭矩为上屈服扭矩 T_{su}，屈服阶段中最小扭矩为下屈服扭矩 T_{SL}，如图 1—20(b)所示。本次实验测定屈服扭矩或下屈服扭矩。根据测定的屈服扭矩或下屈服扭矩按弹性扭转公式计算剪应力，即屈服点或下屈服点为：$\tau_s = T_s/W_T$ 或 $\tau_{SL} = T_{SL}/W_T$，其中 W_T 为抗扭截面模量。

试样再继续变形，材料进一步强化，到达 $T-\phi$ 曲线上的 C 点，试件发生断裂。由扭矩度盘上的随动指针读出试样扭断前所承受的最大扭矩 T_b，按弹性扭转公式计算抗扭强度 $\tau_b = T_b/W_T$。

若要测定真实规定非比例扭转应力 τ_{tp} 与真实抗扭强度 τ_{tb} 按刘德维克-卡曼公式计算。具体方法见标准 GB10128—88《金属室温扭转试验方法》中的相关规定。

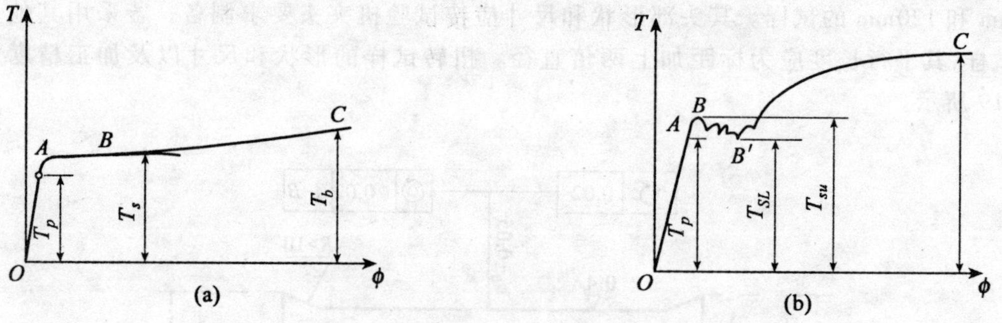

图 1—20 低碳钢的 $T-\phi$ 曲线图

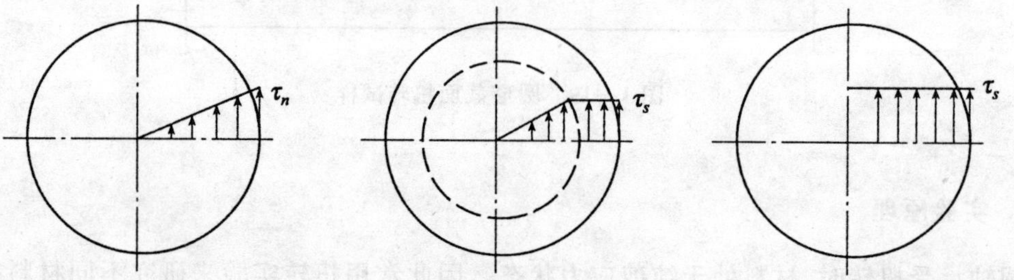

(a) $T_n < T_p$ 时的剪应力分布；(b) $T_s > T_n > T_p$ 时的剪应力分布；(c) $T_n = T_s$ 时的剪应力分布

图 1—21 低碳钢圆轴在不同扭矩下剪应力分布图

(2)做铸铁试样扭转实验时，其扭矩 T 和扭转角 ϕ 关系如图 1—22 所示。从图 1—22 可以看出，试样从开始受扭直至破坏，近似为一斜直线，即无屈服现象，扭转角很小，破坏是突然发生的，破坏处在与试样轴线约成 45°角的螺旋面上。其最大扭矩为 T_b，按弹性扭转公式计算抗扭强度 $\tau_b = \dfrac{T_b}{W_T}$。

上述扭转实验要求在室温 10～35℃条件下进行。

(3)试样受扭时，材料处于纯剪应力状态，如图 1—23 所示。在与试样轴线成 45°角的螺旋面上分别有主应力 $\sigma_1 = \tau$ 和 $\sigma_2 = -\tau$ 的作用，由于低碳钢的抗扭强度小于抗拉强度，所以沿其横截面被剪断，断口平齐。而铸铁的抗拉强度小于抗扭强度，故沿其 45°方向被拉断，断口呈一螺旋面。如图 1—24 所示。

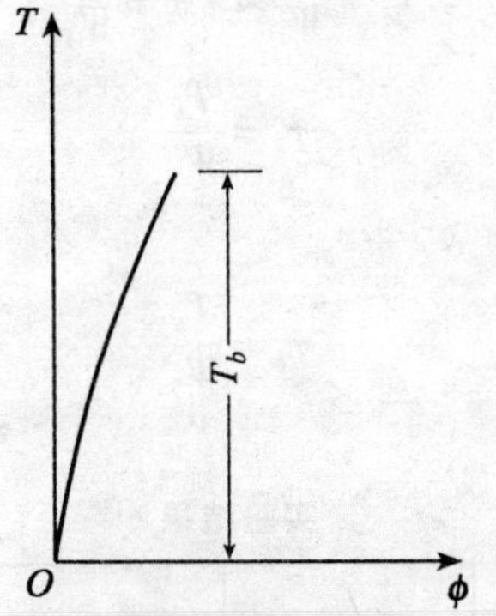

图 1—22 铸铁的 $T-\phi$ 图

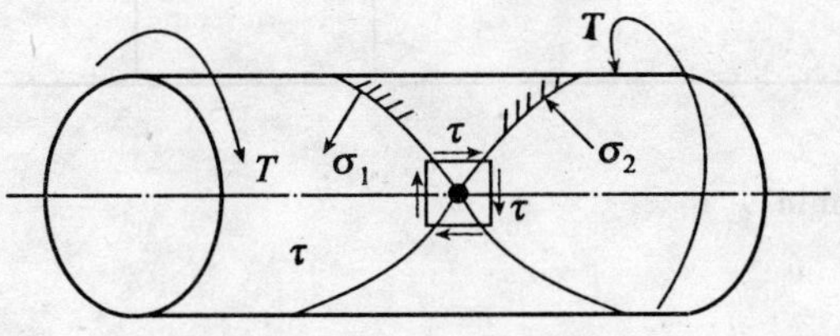

图 1—23 纯剪应力状态

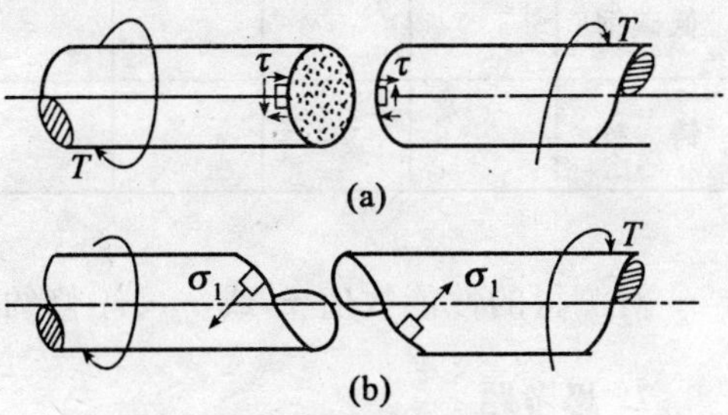

图 1—24 受扭试样断口

5. 实验步骤

(1) 测量试样直径，在标距两端及其中间处两个相互垂直方向上各测一次直径，并取其算术平均值，取三处测得直径的算术平均值中的最小值计算试样截面模量 W_T。

(2) 估计试样的最终扭矩 T_p，选择合适的扭矩度盘，调整扭矩度盘指针对零点，装好绘图纸并选择扭转速度：屈服前应在(6°～30°)/min 范围内，屈服后不大于 360°/min，速度的改变应无冲击。

(3) 安装试样，用粉笔在试样表面画一条平行于试样轴线的直线，以便观察受扭时的变形。

(4) 进行实验，观察试样在扭转过程中的各种现象，并记下试样扭转屈服时的扭矩 T_s 和破坏时的最大扭矩 T_b，直至试样断裂。

(5) 取下试样，观察比较断口，分析破坏原因。

(6) 将试验机复原，结束实验。

6. 实验结果整理

(1) 根据测定碳钢和铸铁的扭矩，按弹性扭转公式计算切应力，并将实验结果填入表

1—15 中。

(2)碳钢切变强度指标

$$\tau_s = \frac{T_s}{W}\text{或}\ \tau_{SL} = \frac{T_{SL}}{W_T} \tag{1—36}$$

$$\tau_b = \frac{T_b}{W_T} \tag{1—37}$$

(3)铸铁切变强度指标

$$\tau_b = \frac{T_b}{W_T} \tag{1—38}$$

表 1—15 实验结果

材 料	直径 d_0/mm			抗扭截面模量 W_T/mm^3	屈服扭矩 T_s/(kN·m)	屈服点 τ_s/MPa	最大扭矩 T_b/(kN·m)	抗扭强度 τ_b/MPa
	截面Ⅰ	截面Ⅱ	截面Ⅲ					
低碳钢								
铸 铁								

对测得的性能数值 τ_s 或 τ_{SL}、τ_b 修约到 $1N/mm^2$。

7. 思考题

(1)低碳钢拉伸或扭转的断裂形式是否一样？试分析其破坏原因。

(2)铸铁在压缩和扭转时，其断口都与试样轴线成45°左右，破坏原因是否相同？

(3)试根据拉伸、压缩和扭转三种实验结果，综合分析低碳钢与铸铁的力学性能。

(4)为什么用扭转实验来测定材料在纯剪应力状态下的力学性质而不用直接剪切实验？

§1.6 金属材料剪切弹性常数 G 的测定

材料的剪切弹性模量 G 是衡量材料抵抗剪切变形能力的性能参数，也是材料的弹性常数之一，实际工程中在对受扭构件进行刚度设计或校核时，必须运用这一性能参数。材料的剪切弹性模量 G 可以通过实验测定，并在测定的过程中验证剪切虎克定律。对于各向同性材料还可以通过关系式 $G = \dfrac{E}{2(1+\mu)}$ 确定 G 值。

1. 实验目的

(1)测定低碳钢的剪切弹性模量 G。

(2)验证剪切虎克定律。

2. 实验仪器和设备

(1)扭转试验机或小型扭角试验台。
(2)扭角仪。
(3)游标卡尺。

3. 实验原理和扭角仪工作原理

剪切弹性模量是线弹性范围内剪应力 τ_ρ 与剪应变 γ_ρ 之比,且圆轴扭转实验中试样上的各点处于纯剪应力状态。所以通常用线弹性范围内的圆轴扭转实验来测定低碳钢的剪切弹性模量 G。

由材料力学知,等直圆轴试样受扭转时,其相对扭转角 $f=\dfrac{TL_0}{GI_\rho}$,由此推知

$$G=\frac{TL_0}{fI_\rho} \qquad (1-39)$$

式中:T——扭矩;

L_0——试样原始标距;

f——试样标距两端截面间的相对扭转角;

I_ρ——试样横截面的极惯性矩。

扭矩 T 可以由小型扭角试验台上所施加的外力偶矩通过静力平衡条件求得,或直接从扭转试验机的示力度盘上读取;试样的原始标距 L_0 可以用量具测得,其横截面上的极惯性矩 I_ρ 也可以通过计算求得。但由于试样材料是在线弹性范围内实验,其相对扭转角 f 很小,需用扭角仪测取,如图 1—25 所示,将扭角仪的 A、B 两个环分别固定在试样标距两端截面上,当试样受扭时,固夹在试样上的 AC、BDE 臂杆就会绕试样轴线转动,推杆 BDE 将使安装在 AC 杆上的百分表指针走动。设指针走动的位移为 d,百分表顶杆与试样轴线间的距离为 γ,则 A、B 两截面间的相对扭转角为

$$\phi=\frac{\delta}{\gamma} \quad (\mathrm{rad})$$

若扭角仪百分表的读数在扭矩 T_i 时为 A_i,在下一级扭矩 T_{i+1} 时为 A_{i+1} 则百分表的读数差为 $\Delta A_i=A_{i+1}-A_i$。因为百分表的分度值为 0.01mm,则在扭矩增量为 $\Delta T_i=T_{i+1}-T_i$ 时,A、B 两截面间的相对位移 $d=0.01\times\Delta A_i$ mm。

将试样安装在扭转试验机上,采用等增量法逐级加载。根据低碳钢的比例扭转剪应力 τ_p 来选取最终扭矩 T_p,一般取 $T_p<T_{\max}=0.8\tau_\rho W_T$,其中 W_T 为试样材料的抗扭截面模量,而 τ_ρ 可以从相关手册中查得或按 $\tau_\rho=0.8\tau_s$ 估算。取初扭矩 $T_0=0.1T_{\max}$,分 5 ~7 级加载,而试验机的测力度盘按 T_p 为度盘满量程的 40% ~80% 选取。

按式(1—39)可以计算出各级加载过程中的剪切弹性模量

$$G_i=\frac{\Delta T_iL_0}{\Delta\phi_iI_\rho}=\frac{\Delta T_iL_0}{\dfrac{\delta}{\gamma}\cdot\Delta A_iI_\rho} \qquad (1-40)$$

再取其平均值得

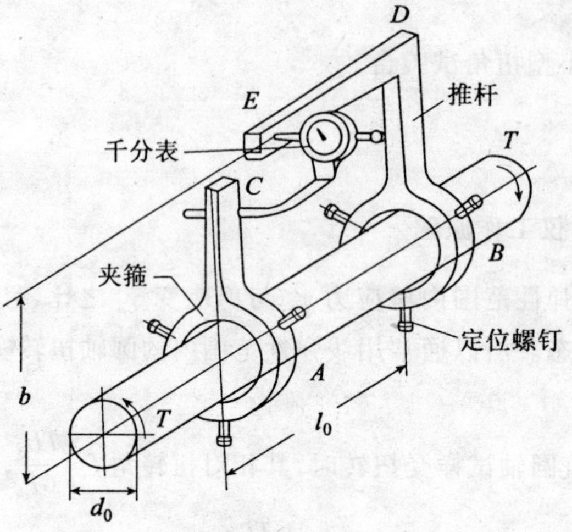

图 1—25　扭角仪的安装

$$\overline{G} = \sum_{i=1}^{N} \frac{G_i}{n} \tag{1—41}$$

当用最小二乘法处理数据时,可得

$$G = \frac{L_0}{I_\rho} \frac{\sum_{i=1}^{n} \Delta T_i^2}{\sum_{i=1}^{n} \Delta T_i \Delta \phi_i} = \frac{\frac{L_0 \Delta T}{0.01}}{\gamma} \frac{\sum_{i=1}^{n} i^2}{I_\rho \sum_{i=1}^{n} i \Delta A_i} \tag{1—42}$$

式(1—40)~式(1—42)中 $i = 1, 2, \cdots, n$, n 为加载级数。如果实验过程中,在扭矩增量 ΔT_i 下相应的百分表读数差 ΔA_i 基本相等,这就验证了剪切虎克定律。

若用小型扭角试验台,其测 G 原理与上述基本相同。相关数据分别记入表 1—16、表 1—17 中。

表 1—16　　测 G 试样尺寸

材　料	标距 L_0/mm	直径 d_0/mm									横截面极惯性矩(平均) I_ρ/mm⁴
		截面Ⅰ			截面Ⅱ			截面Ⅲ			
		(1)	(2)	平均	(1)	(2)	平均	(1)	(2)	平均	
低碳钢											

表1—17　　　　测 G 实验数据

扭矩 T/(N·m)	实验次序	扭转计百分表读数 A_i/格	百分表读数差 ΔA_i/格
T_1 =	1		
	2		
	3		
T_2 =	1		
	2		
	3		
T_3 =	1		
	2		
	3		
T_4 =	1		
	2		
	3		
T_5 =	1		
	2		
	3		

4. 实验步骤

(1)根据标准 GB10128—88《金属室温扭转试验方法》中的规定,在标距两端及中间三处,按互相垂直的方向各测量一次直径取其算术平均值 d_i,用三个截面直径的算术平均值计算截面的极惯性矩 I_ρ,取三个截面直径的算术平均值中的最小值计算截面的抗扭截面模量 W_T,因为 d_i 分别与 I_ρ 和 W_T 成四次方和三次方的关系,因此,应仔细测量试件直径 d_i,一般要求同一截面两相互垂直的方向上的量测误差及三个截面的平均直径之差都不得超过0.05mm,否则仅此 I_ρ 一项引起对实验结果的误差将超过1.5%。

(2)安装扭角仪在试样上,使其标距等于试样原始标距 L_0。

(3)拟定加载方案,确定实验最终扭矩 T_p,初扭矩 T_0,载荷增量 ΔT 及级次 n 等。要求 ΔT 应使扭角仪有较明显的读数差 ΔA,T_p 不能小于 $T_{\max}$ 的一半。

(4)按最终扭矩 T_p 来选择示力度盘,并将示力度盘调零,同时检查试验机是否正常。

(5)安装试样,开动试验机,缓慢加载到初扭矩 T_0,观察扭角仪工作是否正常。若正常,记录扭角仪百分表的初读数;若不正常则需重新安装或调整扭角仪。

(6)按拟定的加载方案逐级缓慢加载进行实验,记下相应载荷下扭角仪百分表上的读数 A_i,并随时计算出前后两次的读数差 ΔA_i,以检验在等增量加载条件下,ΔA_i 是否大致相等，若 ΔA_i 大致相等则证明实验正常，同时也就验证了剪切虎克定律。若 ΔA_i 相差较大，则需查找原因，调试后重做实验。加载到最终载荷 T_p 后，再卸载到初载荷 T_0，这时扭角仪百分表应回到初始位置。

(7)重复实验步骤(6)进行实验 2～3 次，直至实验结果令人满意为止，取其中较好的一组数据进行处理。

5. 实验数据的处理计算

(1)按式(1—40)和式(1—41)计算出剪切弹性模量的平均值 $\bar{G}$。

(2)依据标准 GB10128—88《金属室温扭转试验方法》中的规定，允许用最小二乘法，将实验数据进行“最佳”直线拟合，求剪切弹性模量 G，即按式(1—42)求出 G 值。

(3)所测得的剪切弹性模量 G 的数值还应按标准 GB10128—88《金属室温扭转试验方法》中规定的数值修约规则，修约到 100N/mm^2。

6. 思考题

(1)何谓扭转角？用百分表扭角仪是如何测定扭转角的？

(2)用等增量法加载测剪切弹性模量 G 与一次直接加载到最终值 T_p 所测得的 G 值有何不同？

(3)试样的形状和尺寸，选取的标距的长度，对测定剪切弹性模量 G 有无影响？

(4)已知试样直径 $d_0=10\text{mm}$，低碳钢的比例极限 $\sigma_p=200\text{MPa}$，若剪切比例极限 $\tau_p=0.6\sigma_p$。试问测 G 时试样允许的最大扭矩 T_p 应为多少？并按该值拟定实验加载方案。

§1.7 梁的弯曲正应力实验

1.7.1 单一材料梁的弯曲正应力实验

1. 实验目的

(1)用电测法测量单一材料的矩形截面梁在纯弯曲状态时其横截面上正应力的大小及分布规律，并与理论计算值比较，从而验证梁的弯曲正应力理论公式。

(2)初步掌握电测法原理和静态电阻应变仪的使用方法。

2. 预习思考要点

(1)本实验装置是如何实现使梁的某一区段处于纯弯曲状态的？

(2)梁处于纯弯曲状态时其内力分布有何特征？

(3)梁处于纯弯曲状态时，若要测试其上某一点的线应变为何只需在该点布设一枚应变计，且平行于梁的轴线方向？

3. 实验装置和仪器

(1)纯弯曲实验装置，本实验采用低碳钢或中碳钢制成的矩形截面梁，测试其正应力分布规律的实验装置如图1—26(a)所示,所加的砝码重量通过杠杆以一定的放大比例作用于加载辅梁的中央,设作用于辅梁中央的载荷为F,由于载荷对称,支承条件对称,则通过两个挂杆作用于待测梁上C、D处的载荷各为$\frac{F}{2}$。由待测梁的内力图可知CD段上的剪力$Q=0$,弯矩为一常量$M=\frac{F \cdot a}{2}$,即梁的CD段处于纯弯曲状态。

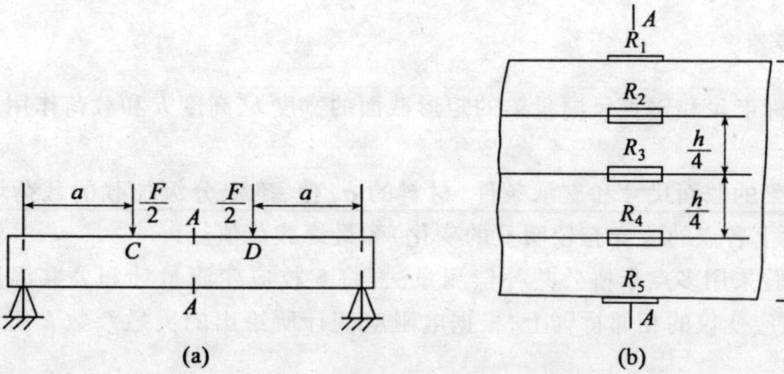

图1—26 弯曲正应力实验装置及试样贴片位置图

(2)静态电阻应变仪。

(3)游标卡尺、钢直尺。

4. 实验原理

由于矩形截面梁的CD段处于纯弯曲状态,当梁发生变形其横截面保持平面的假设成立,又可以将梁视作由一层一层的纵向纤维叠合而成且假设纵向纤维间无挤压作用时,纯弯曲梁上的各点处于单向应力状态,且弯曲正应力的方向平行于梁的轴线方向。所以若要测量纯弯曲状态下梁的横截面上的正应力的分布规律,可以在梁的CD段任一截面上沿不同高度处平行于梁的轴线方向布设若干枚电阻应变计,为简便计算,本实验的布片方案如图1—26(b)所示,一枚布设在梁的中性层上,其余四枚分别布设在距中性层$\frac{h}{4}$或$\frac{h}{2}$处(h为梁矩形截面的高度),此外还布设了一枚温度补偿片。

当梁受载后,电阻应变计随梁的弯曲变形而产生伸长或缩短,使自身的电阻改变。通过力学量的电测法原理,利用电阻应变仪即可以测出梁横截面上各测点的应变值$\varepsilon_{实}$。由于本实验梁的变形控制在线弹性范围内,所以依据单向虎克定律即可以求解相应各测点的应力值,即$\sigma_{实}=E \cdot \varepsilon_{实}$,$E$为梁材料的弹性模量。

实验采用"等增量法"加载,即每增加等量的载荷ΔF,测定一次各点相应的应变增量$\Delta\varepsilon_{实}$,并观察各点应变增量的线性程度。载荷分为3~5级,最终载荷的选取,应依据梁上的最大应力$\sigma_{max}<(0.7-0.8)\sigma_s$($\sigma_s$为材料的屈服极限)。当加载至最后一级,测完各应变值后即卸载,最后计算出各测点应变增量的算术平均值$\Delta\bar{\varepsilon}_{实}$,依次求出各点的应力增量$\Delta\sigma_{实}$。

$$\Delta\sigma_{实}=E \cdot \Delta\bar{\varepsilon}_{实} \tag{1—43}$$

把 $\Delta\sigma_{实}$ 与理论公式计算的应力增量

$$\Delta\sigma_{理}=\frac{\Delta M\cdot y}{I_z} \tag{1—44}$$

进行比较,计算出截面上各测点的应力增量实验值与理论值的相对误差,即

$$\eta=\frac{\Delta\sigma_{实}-\Delta\sigma_{理}}{\Delta\sigma_{理}}\times100\% \tag{1—45}$$

从而验证梁的弯曲正应力公式的正确性。

5. 实验步骤

(1)用游标卡尺和钢直尺测量梁的矩形截面的宽度 b、高度 h 和载荷作用点到梁支点的距离 a。

(2)根据梁的截面尺寸和支承条件,材料的 σ_s 值,确定分级加载的载荷增量、级次(每级加载应使梁上各点的应变有较明显的变化)和最终载荷值。

(3)本实验采用多点半桥公共补偿测量法,将 5 枚应变测量计和公共温度补偿计分别接入静态电阻应变仪的相邻桥臂上,根据电阻应变计所给出的灵敏系数 k 值调好电阻应变仪的灵敏系数。

(4)依照静态电阻应变仪的操作规程对应变仪进行检验并调平衡,然后再对各测点预调平衡,反复几次以确保各测点的电桥处于初始平衡状态。

(5)按照所拟定的加载方案逐级加载,每加一级载荷,相应测读一次各点的应变值 ε_i,并随时计算出各点的应变增量 $\Delta\varepsilon_i$,观察其线性程度,直至加到预计的最终载荷为止。然后全部卸载,应变仪回到初始平衡状态,对于应变增量线性程度不好的测点可以分析其原因,重复上述测试步骤若干次取其实测值的应变增量的算术平均值。

(6)实验结束,卸载。关闭应变仪,清理现场。

6. 实验数据处理

(1)将梁材料的弹性模量,梁的尺寸及测点位置,应变计的灵敏系数,实验荷载及其相应测点的应变值填入表 1—18 中,并将计算的应变增量的平均值,应力的实验值和理论值,相对误差等也列入该表中。

表 1—18 梁的弯曲正应力实验测量记录表

原始数据	截面宽度 $b=$ mm		截面高度 $h=$ mm		力作用点至梁支座距离 a =mm		梁材料弹性模量 $E=$ GPa		电阻应变计灵敏系数 k	
载荷/N	电阻应变仪读数									
	测点 1		测点 2		测点 3		测点 4		测点 5	
	ε	$\Delta\varepsilon$	ε	$\Delta\varepsilon$	ε	$\Delta\varepsilon$	ε	$\Delta\varepsilon$	ε	$\Delta\varepsilon$
$F_1=$										
$F_2=$										

续表

原始数据	截面宽度 $b=$ mm		截面高度 $h=$ mm		力作用点至梁支座距离 $a=$ mm		梁材料弹性模量 $E=$ GPa		电阻应变计灵敏系数 k	
$F_3=$										
$F_4=$										
$\overline{\Delta\varepsilon}$										
$\Delta\sigma_{实}$										
$\Delta\sigma_{理}$										
$\eta=\%$										

(2)将各点的$\sigma_{实}$和$\sigma_{理}$描绘在同一个σOy坐标系中，并运用数理统计的知识分别作出$\sigma_{实}-y$和$\sigma_{理}-y$分布曲线，以便进行比较，从而检验梁的弯曲正应力理论公式的正确性。

7. 思考与分析

(1)实验为何采用“等增量法”加载？为何取各测点应变增量的算术平均值作为实验值？

(2)电阻应变计是布设在梁的表面上，为什么把测得的表面上的应变看做是梁横截面上的应变？其依据是什么？

(3)如果梁采用的是拉压不等强度材料($E_{拉}\neq E_{压}$)，其弯曲正应力在整个横截面上的分布曲线较之拉压等强度材料梁将会有何变化？

1.7.2 夹层组合梁的弯曲正应力实验

1. 实验目的

(1)通过电测法测量夹层组合梁横截面上的线应变，总结线应变和弯曲正应力的分布规律，并与单一材料梁的线应变和弯曲正应力的分布规律进行比较分析。

(2)掌握建立夹层组合梁的力学计算模型，推导梁的弯曲正应力计算公式的理论依据和基本方法。

(3)进一步掌握电阻应变测量技术。

2. 预习思考要点

(1)夹层组合梁在纯弯曲状态下其横截面变形的平面假设是否仍然成立？

(2)推导单一材料梁弯曲正应力公式时的几何关系，静力平衡关系，物理关系与推导夹层组合梁弯曲正应力公式时的相应关系有何异同点？

(3)夹层组合梁发生弯曲变形时其横截面上的中性轴位置如何确定？

3. 实验仪器和装置

(1)静态电阻应变仪。

(2)游标卡尺、钢直尺。

(3)夹层组合梁弯曲实验装置。

这类实验装置及梁的截面尺寸,电阻应变计的布设位置如图 1—27、图 1—28 所示,夹层组合梁的上、下层是等厚的 45 号钢,中间层是铝合金,经精密机械加工后,三者用锥销连接成一体,使梁弯曲变形时层间无相对滑动。由砝码加载,通过放大比例为 1:20 的杠杆将载荷传递到加载辅梁上,由于载荷对称、支承条件对称,使夹层组合梁的 *CD* 段处于纯弯曲状态,其上弯矩为$\frac{F\cdot a}{2}$。

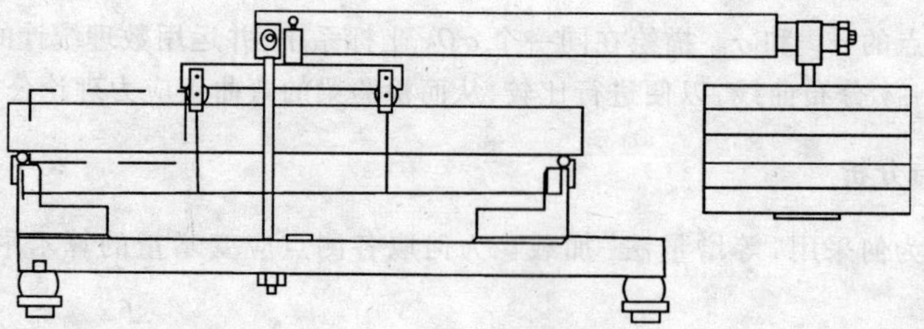

图 1—27 测试装置图

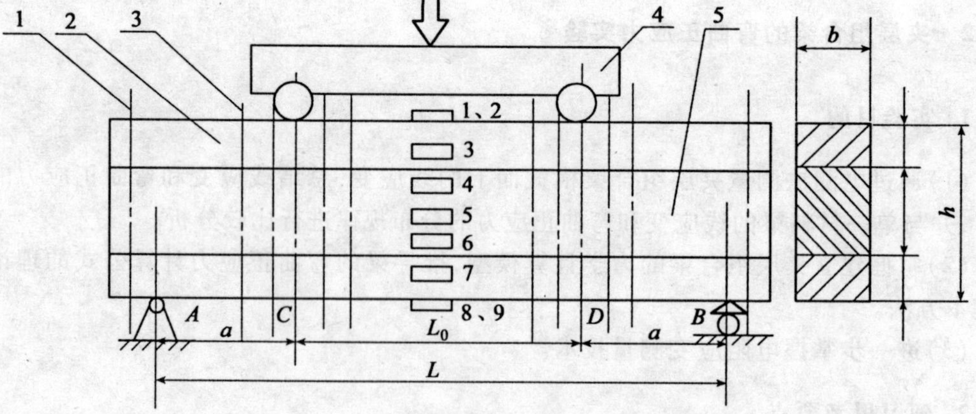

1—定位锥销;2—钢梁;3—固紧螺栓;4—加载辅梁;5—铝梁

图 1—28 夹层组合梁

4. 实验原理

当梁的各组成部分紧密连接而无相对滑动时,可以将梁的横截面看做一个整体。在推导夹层组合梁纯弯曲状态下横截面上的正应力计算公式时,平面假设仍然成立。由于梁弯曲时的变形几何关系和静力平衡关系中不涉及梁材料的力学性能的物理量,因此,这两方面的各个关系式与单一材料梁的相应各式相同,而在力与变形间的物理关系式中,应考虑到两种材料的弹性模量是不同的。下面结合图1—28所示的两种材料组成的矩形截面梁来说明如何求得这种梁在纯弯曲时横截面上的正应力。该梁的上、下两表面层是厚度相等、弹性模量均为E_{st}的45号钢,中间部分铝合金材料的弹性模量为E_{AL},其值小于E_{st}。由于该梁横截面在几何和物理方面都是上、下对称的,故该梁在弯曲时中性轴仍在横截面高度的一半处,即与其水平对称轴重合。但应指出,这只是在这种特殊情况下才是正确的。若横截面在几何或物理方面不对称,如何确定中性轴的位置?请学生课后自行推导。

该梁横截面上的应变为

$$\varepsilon_i = \frac{y_i}{\rho} \tag{1—46}$$

式中:y_i——所测点位到中性轴的距离;

ρ——梁弯曲时其挠曲线的曲率半径。

应力分层表达为

$$\sigma_{st} = \frac{E_{st}y_i}{\rho},\quad \sigma_{AL} = \frac{E_{AL}y_i}{\rho} \tag{1—47}$$

CD段梁上的弯矩为

$$M = M_{st} + M_{AL} = \int_{A_{st}} \frac{E_{st}y_i^2}{\rho}\mathrm{d}A_{st} + \int_{A_{A_L}} \frac{E_{AL}y_i^2}{\rho}\mathrm{d}A_{AL}$$

由上式得
$$\frac{1}{\rho} = \frac{M}{E_{st}I_{st} + E_{AL}I_{AL}} \tag{1—48}$$

将式(1—48)代入式(1—47)分别得

$$\sigma_{st} = \frac{ME_{st}y_i}{E_{st}I_{st} + E_{AL}I_{AL}} \tag{1—49}$$

$$\sigma_{AL} = \frac{ME_{AL}y_i}{E_{st}I_{st} + E_{AL}I_{AL}} \tag{1—50}$$

由图1—28知,该梁$h = 2b$,$b = 18\text{mm}$。所以

$$I_{st} = \frac{7}{12}b^4 = 61.236 \times 10^{-9}\text{m}^4$$

$$I_{AL} = \frac{1}{12}b^4 = 8.748 \times 10^{-9}\text{m}^4$$

式中:I_{st}——钢材截面相对于中性轴的轴惯性矩;

I_{AL}——铝材截面相对于中性轴的轴惯性矩。

又因为$M = \frac{P \cdot a}{2}$,$E_{st} = 210\text{GPa}$,$E_{AL} = 70\text{GPa}$,于是式(1—49)和式(1—50)可以化为

$$\sigma_{st} = \frac{21Pay_i}{44I_{st}} \tag{1—51}$$

$$\sigma_{AL} = \frac{Pay_i}{44I_{AL}} \tag{1—52}$$

以上即为该梁横截面上弯曲正应力的理论计算原理和方法，当然还有其他的理论分析和计算方法。

本实验在梁发生纯弯曲区段的上、下表面分别布设平行于梁轴线的两枚应变计，检查所加载荷是否偏斜，以保证梁实现平面弯曲，同时在梁的侧面平行于梁轴线、等间距地布设五枚应变计，测试时应特别注意所测点位的应变计布设在哪种材料上。

本实验仍采用“等增量法”加载，方案与 1.7.1 中单一材料梁相同，只是依次求出的各测点的应变增量算术平均值应与所测点位材料的弹性模量相对应，以求出实验应力。即

$$\Delta\sigma_{实st} = E_{st} \cdot \Delta\overline{\varepsilon}_{实} \tag{1—53}$$

$$\Delta\sigma_{实AL} = E_{AL} \cdot \Delta\overline{\varepsilon}_{实} \tag{1—54}$$

5. 实验步骤

与 1.7.1 中单一材料梁实验步骤相同。

6. 实验数据处理

(1)将实验试件的弹性模量，梁的尺寸及其测点位置，应变计灵敏系数和实验测得的相应测点的应变读数值记入表 1—19 中，并计算其应变增量及算术平均值，应力的实验值，理论值及其相对误差，一并列入表 1—19。

(2)运用数理统计的知识作出夹层组合梁横截面上的 $\varepsilon_{实}-y$，$\varepsilon_{理}-y$ 曲线和 $\sigma_{实}-y$，$\sigma_{理}-y$ 曲线，并与单一材料梁上的相应曲线进行比较，就其异同点分析原因。

表 1—19 梁的弯曲正应力实验测量记录表

原始数据	截面宽度 $b=$ mm				截面高度 $h=$ mm				力作用点至支座距离 $a=$ mm				弹性模量 $E_{st}=$ GPa $E_{AL}=$ GPa				电阻应变片灵敏系数 $k=$	
载荷/N	电阻应变仪应变读数																	
	测点 1		测点 2		测点 3		测点 4		测点 5		测点 6		测点 7		测点 8		测点 9	
	ε	$\Delta\varepsilon$	ε	$\Delta\varepsilon$	ε	$\Delta\varepsilon$	ε	$\Delta\varepsilon$	ε	$\Delta\varepsilon$	ε	$\Delta\varepsilon$	ε	$\Delta\varepsilon$	ε	$\Delta\varepsilon$	ε	$\Delta\varepsilon$
$F_1=$																		
$F_2=$																		
$F_3=$																		
$F_4=$																		
$\Delta\overline{\varepsilon}_i$																		
$\Delta\overline{\sigma}_{实}$																		
$\Delta\overline{\sigma}_{理}$																		
$\eta=\frac{\Delta\overline{\sigma}_{实}-\Delta\overline{\sigma}_{理}}{\Delta\overline{\sigma}_{理}}\times100\%$																		

7. 复习思考题

(1)夹层组合梁与单一材料梁的横截面上的线应变与正应力的分布有什么异同点?

(2)实验时未考虑梁的自重是否会引起误差?

(3)影响本实验结果准确性的主要因素是什么?

§1.8 弯扭组合变形实验

1.8.1 主应力的测定

1. 实验目的

(1)测量薄壁圆管在弯曲和扭转组合变形下,其表面一点的主应力大小及方位。

(2)掌握用电阻应变花测量某一点主应力大小及方位的方法。

(3)将测点主应力值与该点主应力的理论值进行分析比较。

2. 预习思考要点

(1)试分析本实验装置是如何使薄壁圆管产生弯曲和扭转组合变形的。

(2)薄壁圆管在弯扭组合变形下其横截面上有几种内力?哪几种?有几种应力?哪几种?

(3)薄壁圆管在弯扭组合变形下其表面一点处于什么应力状态?在主应力方位未知的情况下,确定该点的应力状态需求解几个未知量?哪几个?

3. 实验装置和仪器

(1)弯扭组合变形实验装置,如图1—29所示,装置上的薄壁圆管一端固定,另一端自由。在自由端装有与圆管轴线垂直的加力杆,该杆呈水平状态。载荷F作用于加力杆的自由端。此时,薄壁圆管发生弯曲和扭转的组合变形。在距圆管自由端为L_1的横截面的上、下表面B和D处各贴有一个45°应变花(或60°应变花)如图1—29。设圆管的外径为D,内径为d,载荷作用点至圆管轴线的距离为L_2。

(2)静态电阻应变仪。

(3)游标卡尺、钢尺等。

4. 实验原理

理论分析表明,薄壁圆管发生弯扭组合变形时,其表面各点均处于平面应力状态,如图1—29所示的I—I截面的上表面B点和下表面D点的应力状态分别如图1—30(a)、(b)所示。

由应力状态理论可知,对于平面应力状态问题,要用实验方法测定某一点的主应力大小及方位,一般只要测得该点一对正交方向的应变分量ε_x、ε_y及γ_{xy}即可。用实验手段测定线应变ε较为容易,但角应变γ_{xy}的测定却困难得多,而由平面应力状态下一点的应变分析可

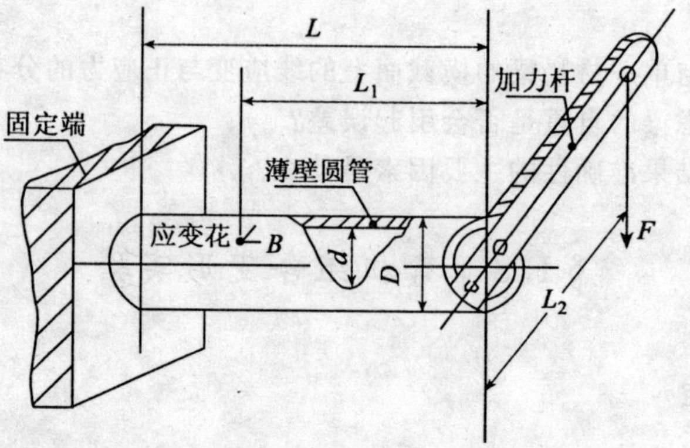

图 1—29　薄壁圆管主应力测量装置图

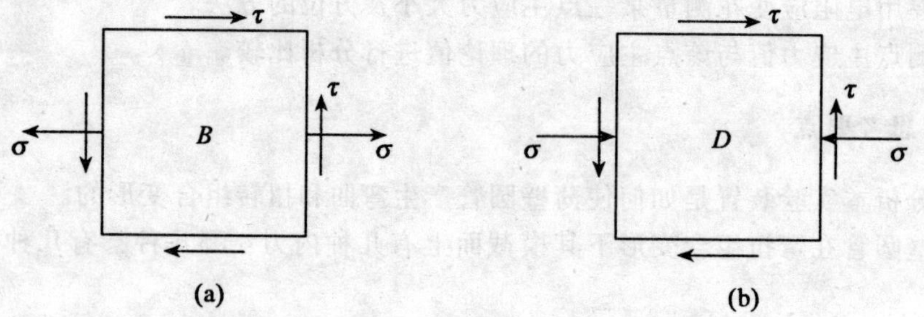

图 1—30　薄壁圆管上、下表面点的应力状态

知平面上某点处的坐标应变分量 ε_x、ε_y 及 γ_{xy} 与该点处任一指定方向 α 的线应变 ε_α 有下列关系

$$\varepsilon_\alpha = \varepsilon_x \cos^2\alpha + \varepsilon_y \sin^2\alpha + \frac{1}{2}\gamma_{xy}\sin 2\alpha \tag{1—55}$$

从理论上说可以测定过该点任意三个不同方向上的线应变 ε_α、ε_β、ε_γ，建立三个如式(1—55)那样的独立方程，解该方程组即可以完全地、惟一地确定 ε_x、ε_y、γ_{xy}，但因方程中出现了三角函数，为了解算简便，在实验测试中，生产厂家已将三个应变片互相夹一特殊角，组合在同一基底上组成应变花，本实验采用互成 45°的直角应变花，布设方式如图 1—31 所示。

由此根据式(1—55)有

$$\begin{cases} \varepsilon_{0°} = \varepsilon_x \cos^2 0° + \varepsilon_y \sin^2 0° + \frac{1}{2}\gamma_{xy}\sin(2\times 0°) \\ \varepsilon_{45°} = \varepsilon_x \cos^2 45° + \varepsilon_y \sin^2 45° + \frac{1}{2}\gamma_{xy}\sin(2\times 45°) \\ \varepsilon_{-45°} = \varepsilon_x \cos^2(-45°) + \varepsilon_y \sin^2(-45°) + \frac{1}{2}\gamma_{xy}\sin[2\times(-45°)] \end{cases} \tag{1—56}$$

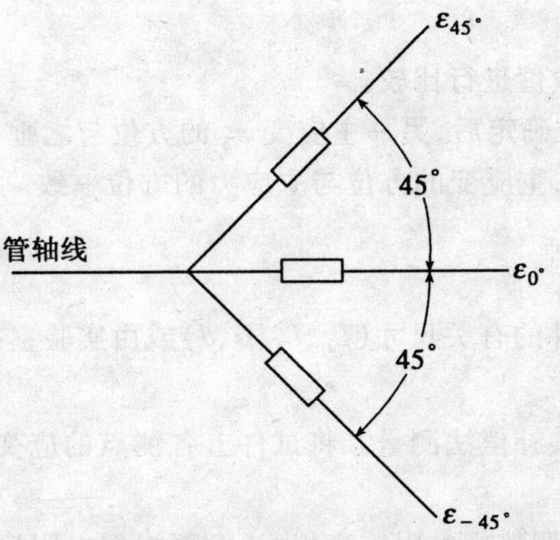

图 1—31　应变花粘贴位置

由电测法测定三个方向的线应变 ε_{0°、ε_{45°、ε_{-45°，并联立求解上述方程组，即可求得

$$\begin{cases} \varepsilon_x = \varepsilon_{0^\circ} \\ \varepsilon_y = \varepsilon_{45^\circ} + \varepsilon_{-45^\circ} - \varepsilon_{0^\circ} \\ \gamma_{xy} = \varepsilon_{45^\circ} - \varepsilon_{-45^\circ} \end{cases} \tag{1—57}$$

由主应变公式

$$\varepsilon_{1,2} = \frac{1}{2}\left[(\varepsilon_x + \varepsilon_y) \pm \sqrt{(\varepsilon_x - \varepsilon_y)^2 + \gamma_{xy}^2} \right]$$

将 ε_x、ε_y、γ_{xy} 代入上式得主应变

$$\varepsilon_{1,2} = \frac{1}{2}\left[(\varepsilon_{45^\circ} + \varepsilon_{-45^\circ}) \pm \frac{\sqrt{2}}{2}\sqrt{(\varepsilon_{0^\circ} - \varepsilon_{45^\circ})^2 + (\varepsilon_{0^\circ} - \varepsilon_{-45^\circ})^2} \right] \tag{1—58}$$

再由广义虎克定律

$$\begin{cases} \sigma_1 = \dfrac{E}{1-\mu^2}(\varepsilon_1 + \mu\varepsilon_2) \\ \sigma_2 = \dfrac{E}{1-\mu^2}(\varepsilon_2 + \mu\varepsilon_1) \end{cases}$$

求得主应力

$$\sigma_{1,2} = \frac{E}{1-\mu^2}\left[\frac{1+\mu}{2}(\varepsilon_{45^\circ} + \varepsilon_{-45^\circ}) \pm \frac{\sqrt{2}(1-\mu)}{2}\sqrt{(\varepsilon_{0^\circ} - \varepsilon_{45^\circ})^2 + (\varepsilon_{0^\circ} - \varepsilon_{-45^\circ})^2} \right] \tag{1—59}$$

式中，E、μ 分别为构件材料的弹性模量和泊松比。

主应变的方位角为

$$\theta = \frac{1}{2}\arctan\left(-\frac{\gamma_{xy}}{\varepsilon_x - \varepsilon_y} \right) = \frac{1}{2}\arctan\left(\frac{\varepsilon_{-45^\circ} - \varepsilon_{45^\circ}}{2\varepsilon_{0^\circ} - \varepsilon_{45^\circ} - \varepsilon_{-45^\circ}} \right) \tag{1—60}$$

对第一主应变 ε_1 的方位可以按下列规则确定：

(1) 若 $\theta > 0^\circ$，且 $\varepsilon_x > \varepsilon_y$，则由 x 轴正向逆时针旋转 θ 角；$\varepsilon_y > \varepsilon_x$，则由 y 轴正向逆时针旋转 θ 角。

(2) 若 $\theta<0°$，且 $\varepsilon_x>\varepsilon_y$，则由 x 轴正向顺时针旋转 θ 角；$\varepsilon_y>\varepsilon_x$，则由 y 轴正向顺时针旋转 θ 角。

ε_x、ε_y 的大小以其代数值进行比较。

第一主应变 ε_1 的方位确定后，另一主应变 ε_2 的方位与之垂直。

对于各向同性弹性体，主应变的方位与主应力的方位一致。

5. 实验步骤

(1) 测量薄壁圆管试件的有关尺寸（L_1、L_2、D、d）或由实验室提供；材料常数 E、μ 由实验室提供。

(2) 采用多点半桥公共补偿法测量。将试件上各测点的应变花按编号顺序接入电阻应变仪，同时接入温度补偿计。

(3) 检查接线无误后，调整好电阻应变仪，注意要根据电阻应变计的灵敏系数调整应变仪的灵敏系数，然后再进行测量前各点的预调平衡。

(4) 采用等增量法加载。根据试件材料的比例极限确定最大载荷，分 3～5 级加载，使每级载荷下各测点的应变均有较明显的变化，读取各测量应变计的应变值。同时，计算相应的应变增量，观察其线性程度，直至达到设定的最终载荷。卸载，应变仪回到初始平衡状态。

(5) 对于应变增量线性程度有明显差异的测点或测量片，分析产生原因，重复以上实验步骤，取其几次实测值的算术平均值作为实验值。

6. 实验数据处理

(1) 根据测点各方向应变增量的算术平均值计算测点主应力的大小和方位，并与根据弯扭组合变形计算公式得出的测点主应力和主方向的理论值进行比较，计算其相对误差。

(2) 作出测点的主单元体应力状态图（主应力大小和方位）。

7. 复习思考题

(1) 电测法测量主应力时，其应变花是否可以沿测点的任意方向布设？为什么？

(2) 若将测点选在薄壁圆管的中性层位置，则其主应力值将发生怎样的变化？这时布设什么形式的应变花比较合适？为什么？测出的是哪种应力？

(3) 如何利用不同桥路接法和布片方案提高本实验的测试精度？

1.8.2 内力素的测定

1. 实验目的

(1) 测定薄壁圆管发生弯扭组合变形时横截面上的弯矩、扭矩。

(2) 掌握电测法中静态电阻应变仪的电桥原理，学习利用电桥的输出特性，通过不同的接桥方式，测量组合变形中的各种应变成分。

2. 预习思考要点

(1) 为什么薄壁圆管的变形要控制在线弹性范围、小变形条件下？

(2)薄壁圆管发生弯扭组合变形时能够分别测量横截面上的各内力素的理论依据是什么?

3. 实验装置和仪器

(1)静态电阻应变仪。

(2)弯扭组合变形实验装置。

实验装置与 1.8.1 中实验装置相同。

为了测量内力素学生有多种接桥方式选择,所以在薄壁圆管管壁的上、下、左、右各对称地布设了 45°的直角应变花,其中中间的一片均沿着圆管的母线方向,称为 0°片,其余两片与母线各成 45°或 -45°,具体布置如图 1—32 所示。

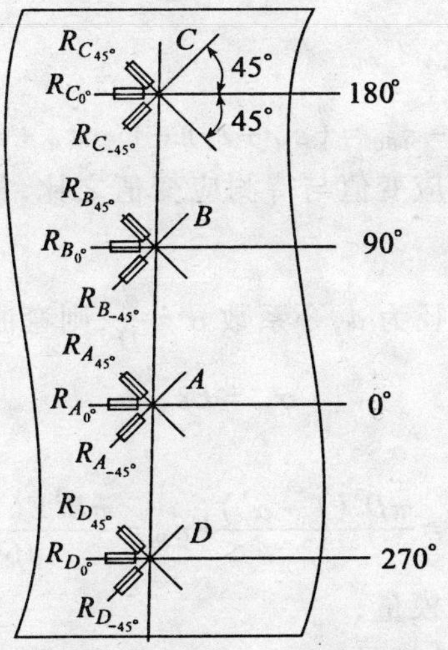

图 1—32　电阻应变片粘贴位置及方向

4. 实验原理

在线弹性范围、小变形条件下,构件在组合变形时的应力与应变通常是运用叠加原理来进行分析的。认为构件所受载荷的作用效应是独立的,每一种载荷所引起的应力和应变,都不受其他载荷的影响,其组合效应可以由每种单一载荷的作用效应叠加而成。这样就可以运用电阻应变测量技术,合理地布设电阻应变计,运用电阻应变仪的电桥原理,按不同的桥路接法,分别进行组合变形时内力素的测量。由电阻应变仪的电桥原理可知

$$\varepsilon_{AB} - \varepsilon_{BC} + \varepsilon_{CD} - \varepsilon_{DA} = \frac{U_{BC}}{UK/4} = \varepsilon_{du} \tag{1—61}$$

式中:ε_{du}——应变仪读数值。

从式(1—61)可见电桥的输出特性为:相邻桥臂输出异号,相对桥臂输出同号。利用该特性,发挥主观能动性,采取优化的布片和接桥方式,不仅可以将构件在组合变形下各内力所产生的应变成分分别单独测量出来,而且可以在现有仪器的精度条件下提高仪器感应应变的灵敏度,减少误差。

发生弯扭组合变形的构件横截面上产生弯矩 M、剪力 Q 和扭矩 T 三种内力，相应地产生弯曲正应力 σ_M、弯曲剪应力 τ_Q 和扭转剪应力 τ_T 三种应力，理论分析表明 σ_M、τ_T 往往是引起构件强度失效的主要因素，所以本实验主要测量 σ_M、τ_T 和相应的 M 和 T，而 τ_Q 和 Q 的测量留待学生自己设计。

(1)弯矩 M 的测量

在弯扭组合变形时，薄壁圆管横截面上的顶点和底点的轴向应变最大，其绝对值相等，符号相反。利用该处的电阻应变计 $R_{B_{0^\circ}}$ 和 $R_{D_{0^\circ}}$ 组成半桥温度互补偿桥路，如图 1—33 所示，图 1—33 中 R_Ω 为应变仪内置的固定电阻。则有

$$\varepsilon_{AB} = \varepsilon_M + \varepsilon_t \qquad (1—62)$$

$$\varepsilon_{BC} = -\varepsilon_M + \varepsilon_t$$

式中：ε_M——弯矩引起的应变绝对值；

ε_t——温差引起的应变。

于是由式(1—61)可以得

$$\varepsilon_{du} = \varepsilon_{AB} - \varepsilon_{BC} = (\varepsilon_M + \varepsilon_t) - (-\varepsilon_M + \varepsilon_t) = 2\varepsilon_M$$

其中 2 为桥臂系数，即读数应变值与待测应变值之比，桥臂系数越大，说明测量精度越高。

设薄壁圆管的外径为 D，内径为 d，令系数 $\alpha = \dfrac{d}{D}$，则弯曲正应力

$$\sigma_M = E\varepsilon_M$$

弯矩则为

$$M = \sigma_M W_z = \frac{\pi D^3(1-\alpha^4)}{32}E\varepsilon_M = \frac{\pi D^3 E(1-\alpha^4)}{64}\varepsilon_{du} \qquad (1—63)$$

式中：W_z——薄壁圆管抗弯截面模量；

E——薄壁圆管材料的弹性模量。

(2)扭矩 T 的测量

发生弯扭组合变形时薄壁圆管的水平对称点 A、C 两点处于纯剪应力状态，由应力状态分析可知，其主应力 $\sigma_1 = -\sigma_3 = \tau_{max}$，$\sigma_2 = 0$，主应力方向与管轴线方向成 ±45°，据此可以将电阻应变计 R_{A45°，R_{A-45°，R_{C45° 和 R_{C-45°，组成全桥温度互补偿桥路，如图 1—34 所示。

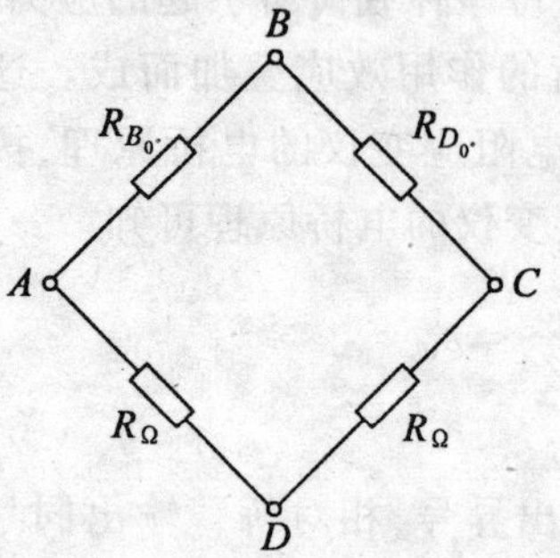

图 1—33　测定弯矩的电桥接线

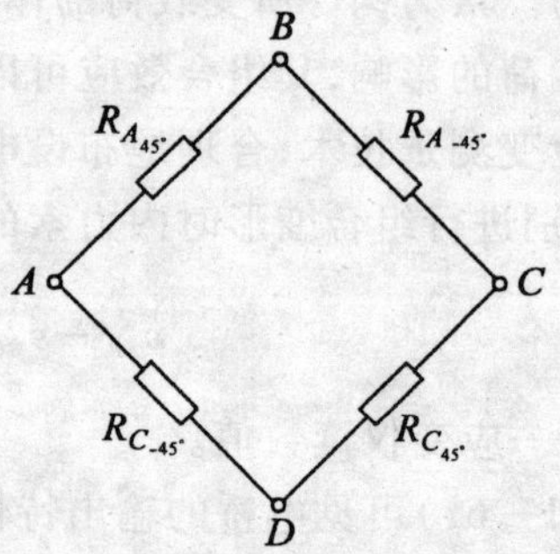

图 1—34　测定扭矩的电桥接线

则有

$$\varepsilon_{AB}=\varepsilon_T+\varepsilon_Q+\varepsilon_t$$

$$\varepsilon_{BC}=-\varepsilon_T+\varepsilon_Q+\varepsilon_t$$

$$\varepsilon_{CD}=\varepsilon_T-\varepsilon_Q+\varepsilon_t$$

$$\varepsilon_{DA}=-\varepsilon_T-\varepsilon_Q+\varepsilon_t$$

于是由式(1—61)可以得

$$\varepsilon_{du}=(\varepsilon_T+\varepsilon_Q+\varepsilon_t)-(-\varepsilon_T+\varepsilon_Q+\varepsilon_t)+(\varepsilon_T-\varepsilon_Q+\varepsilon_t)-(-\varepsilon_T-\varepsilon_Q+\varepsilon_t)=4\varepsilon_T$$

式中：ε_T、ε_Q 分别是扭矩和剪力引起的应变的绝对值；ε_T 即为主应变 $\varepsilon_{主}$；桥臂系数为4。

根据广义虎克定律知

$$\varepsilon_{主}=\frac{\sigma_1}{E}-\mu\frac{\sigma_3}{E}=\frac{\tau_{max}}{E}(1+\mu) \tag{1—64}$$

故扭转剪应力 τ_{max} 为

$$\tau_{max}=\frac{T}{W_T}=\frac{E\varepsilon_{主}}{1+\mu}=\frac{E}{4(1+\mu)}\varepsilon_{du} \tag{1—65}$$

扭矩则为

$$T=\tau_{max}W_T=\frac{\pi D^3E\varepsilon_{du}(1-\alpha^4)}{64(1+\mu)} \tag{1—66}$$

式中：μ——材料的泊松比；

W_T——薄壁圆管的抗扭截面模量。

5. 实验步骤

(1)为确保试样在线弹性范围、小变形条件下测试和实验的测量精度，根据等增量加载法确定最终载荷、加载的分级和级差。

(2)根据需测的内力素，拟定相应的组桥方式，并将选定的应变计接入桥路。

(3)调整各测点处于平衡状态后，逐级加载，读取应变值并随时观察应变增量的线性程度，对于线性程度不好的测点，分析原因，并重复作几次，取其有效测量结果的算术平均值作为实验值。

(4)按上述步骤测量另一种内力素。

6. 实验结果处理

(1)根据实测的应变增量的平均值计算相应的应力和内力，并与理论计算值比较，计算其相对误差。

(2)作出电桥接线图，并算出电桥桥臂系数。

(3)分析产生实验误差的主要因素。

7. 复习思考题

如何根据本次实验的要求，运用电测原理，设计其他的应变计布设方案和接桥方式，并相互比较其优、缺点。

§1.9 压杆稳定实验

1. 实验目的

(1)观察压杆失稳现象,理解压杆“失稳”的实质。

(2)测定四种刚性支承条件下压杆失稳的临界载荷 F_{jx},分析支承条件对压杆失稳临界载荷的影响,并与相应的欧拉载荷 F_{cr}进行比较。

(3)绘制出四种刚性支承条件下压杆失稳的屈曲模态。

2. 预习思考要点

(1)欧拉的理想压杆模型有何特征?实验中的压杆与理想压杆有何区别?

(2)为什么说欧拉压杆承载力公式是在小变形条件下导出的?

(3)不同的支承方式对压杆的临界载荷有何影响?材料力学中是以什么参量来表示这种影响的?

3. 实验仪器和装置

(1)微型计算机。

(2)压杆稳定试验台。

试验台的结构简图如图 1—35 所示,试验台由底板、顶板和四根立柱构成加力架。在顶板上安装了加力和测力系统。采用螺旋加力方式,拧进顶部的旋钮使丝杠顶推压头向下运动,即可以对压杆加载。测力传感器中的弹性敏感元件置于丝杠和压头的芯轴之间。位移传感器为机电百分表,也装于顶板,通过承托卡感应压头的位移。这两种传感器的弹性元件上的电阻应变计均连接成全桥电路,输出的应变信号通过电缆接入仪器的相应插座,经放大和模数(A/D)转换,在计算机上直接显示为力值和位移值。

试验台配备的支承有:下铰支承 2 副,中间支承卡 1 副;上铰支承(滚珠帽)1 副。

(3)压杆试件。

压杆试件如图 1—36 所示,其压杆和托梁均由弹簧钢制成,其弹性模量 $E=210\text{GPa}$,试件截面尺寸:$20\times 2\text{mm}^2$,各种支承条件下压杆的计算长度参考图 1—36 中的有关尺寸(L_i)。

(4)游标卡尺、钢直尺。

4. 实验原理

对于轴向受压的理想细长直杆(即柔度 $\lambda=\lambda_P$),按小变形理论,其临界载荷可以由欧拉公式求得

$$F_{cr}=\frac{\pi^2 EI_{\min}}{(\mu l)^2} \qquad (1—67)$$

式中:E——材料的弹性模量;

$I_{\min}$——压杆截面的最小轴惯性矩;

l——压杆长度;

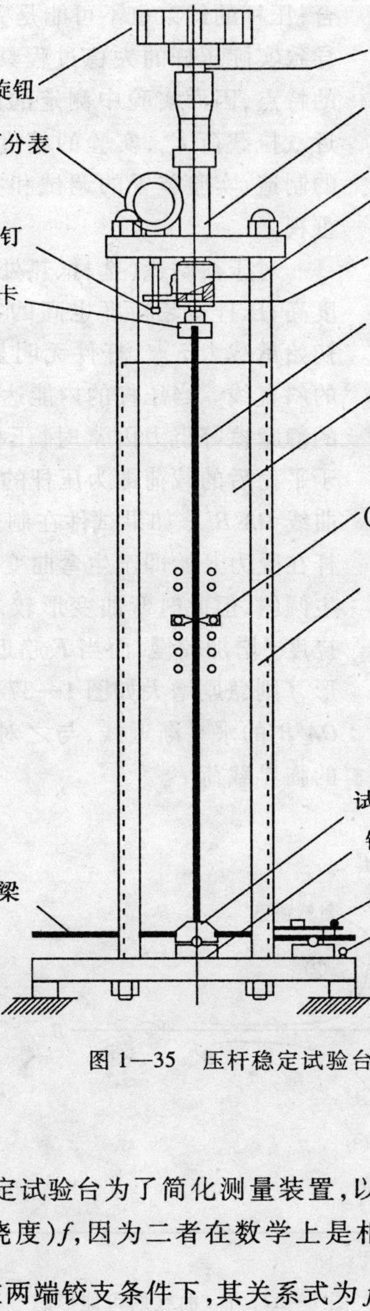

图1—35 压杆稳定试验台

μ——长度系数。

本实验所采用的压杆稳定试验台为了简化测量装置，以压杆受压时产生的轴向位移Δ替代压杆中点的侧向位移(挠度)f，因为二者在数学上是相关的，当然不同支承条件下的$\Delta-f$关系有所不同。例如，在两端铰支条件下，其关系式为$f=\frac{2}{\pi}\sqrt{l\Delta}$。

对于理想状态的中心受压直杆，当$F<F_{cr}$时，压杆保持原有的直线平衡形态而处于稳定平衡状态；当$F=F_{cr}$时，压杆处于临界状态，可以在微弯的形态下保持平衡，但这种形态下的平衡是不稳定的，稍有干扰压杆即被压溃，按小变形理论所绘出的$F—f$图形则为两段折线$\overline{OA}$和$\overline{AB}$，如图1—37所示。

但是实际的压杆，不可避免地会有一些初始曲率；压杆的材质不可能是绝对均匀的，有时还存在残余应力，以致杆受压后其横截面上产生的分布应力的合力的作用线不与杆轴线

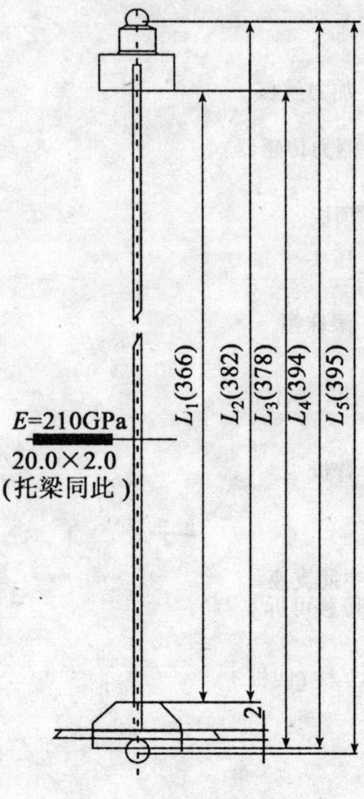

图 1—36 压杆稳定试样

重合;同时压力的作用线不可能毫无偏差地与杆轴线重合;压杆的约束也不可能是完全光滑的。所有这些因素都导致实际压杆的失稳过程具有一些区别于理想压杆失稳的特点,因而实验中测定的压杆的极限载荷 F_{jx} 只可能逼近欧拉载荷 F_{cr},实验的精度很大程度上取决于实验试件的制造、实验装置的调试和实验过程的操作,应引起高度重视。

对于在制造(选材、热处理和磨削)过程中压杆加工精度高,压杆安装精度也高的实验,压杆便可以达到很高的初始承载力 F_{max},杆件无明显的弯曲,$F-f$ 关系也呈较陡的斜直线。当压杆的内能达到一定水平,超过了杆端支承的静摩擦等阻力因素时,压杆就会突然弯曲,抗力突降趋于平稳后的载荷即为压杆的临界载荷 F_{jx},如图 1—37 中的曲线 $OA'B'$。如果试件在制造和安装过程中精度较差,压杆在受力开始即产生弯曲变形,致使 $F-f$ 曲线的 OA'' 段发生倾斜,但此时弯曲变形较之压缩变形还不是主要的,其挠度 f 增加较慢,而当 F 趋近于 F_{cr} 时弯曲变形成为主要变形,f 则急剧增大如图 1—37 中的曲线 $OA''B''$ 所示。作曲线 $OA''B''$ 的水平渐近线,与之对应的载荷纵坐标即代表压杆的临界载荷 F_{jx}。

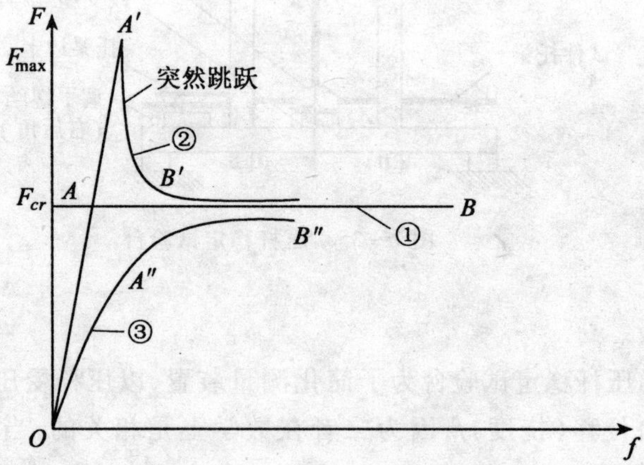

图 1—37 F-f 曲线的可能形态

5. 实验方法和步骤

(1)试件的测量和安装。测量试件的长度 l、宽度 b 和厚度 t。因试件厚度 t 对临界载荷影响很大,故应在沿压杆长度方向测取 5 ~ 6 处的厚度数据,取其平均值用以计算截面的最小轴惯性矩 I_{min}。

设定压杆试验的模式(支承方式),按支承方式如图1—38的要求,调整支座,并仔细检查是否符合设定状态,特别注意尽可能使压力作用线与压杆轴线重合。

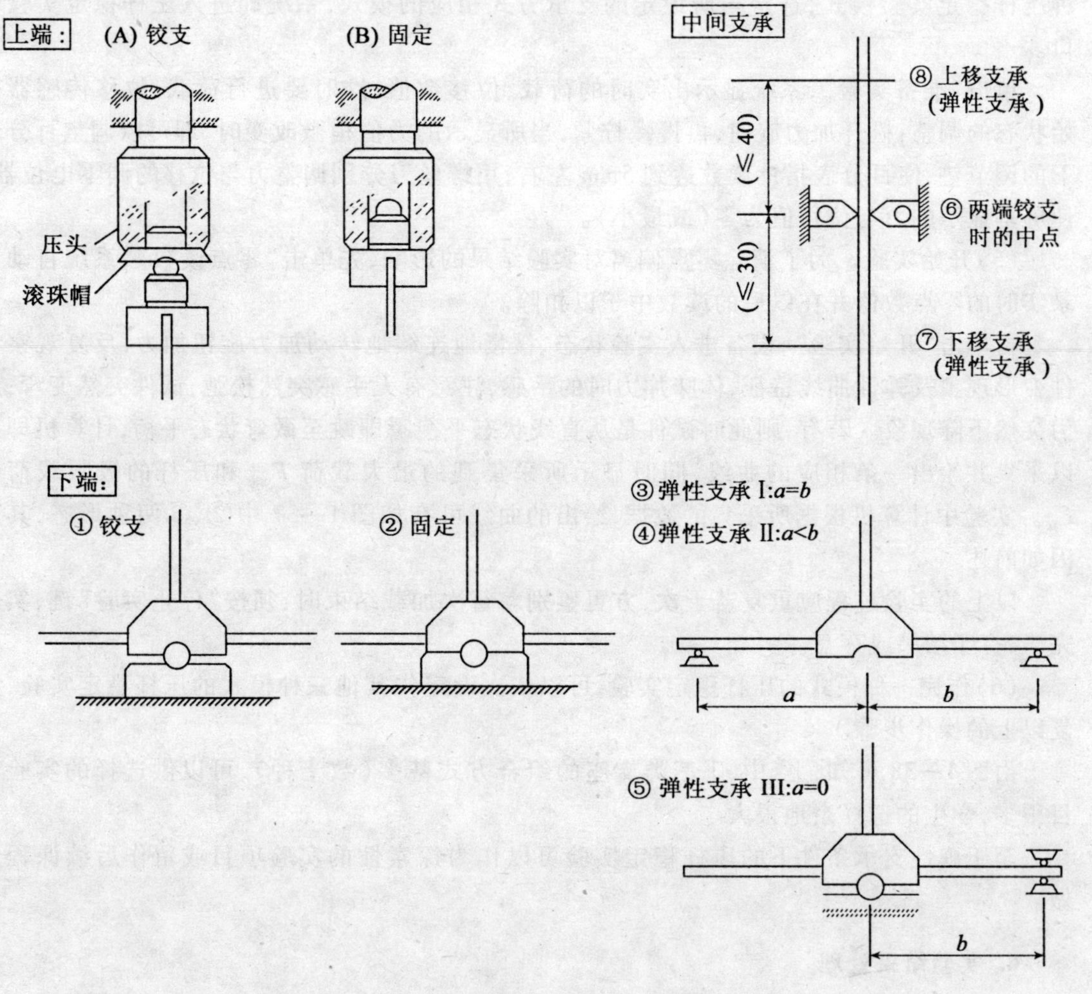

图1—38 可供选择的支承方式及其编号

调整底板调平螺丝(右后角)使试验台体稳定。

(2)仪器的连接。将力和轴向位移传感器电缆接入仪器的相应输入口,接好与计算机并口的连接电缆和电源线,打开电源开关。实验前仪器已作好力与位移的标定,计算机屏幕上显示的数值即为力值(N)和位移值(mm)。

(3)为保证试件失稳后不发生屈服,实验前应根据欧拉公式(1—67)估算实验的欧拉临界力 F_{cr},并根据下式估算在弹性范围内试件允许的最大挠度 f_{max},即

$$\frac{F_{cr}}{S_0}+\frac{F_{cr}f_{max}}{W}=[\sigma] \tag{1—68}$$

式中:S_0、W——分别为试件横截面面积和抗弯截面模量。

$[\sigma]$取$(0.7\sim0.8)\sigma_s$,σ_s为试件材料的屈服极限。

并可以将最大挠度f_{max}(横向位移)换算为最大轴向位移Δ_{max}。

(4)仪器调试,预加载。实验开始前,在计算机屏幕上调用 Multi Test. exe(多功能力学实验系统)程序。随之出现主窗口,列出四种实验类型。单击压杆稳定实验选项,即弹出各种压杆稳定实验模式,选定与所设定的支承方式相应的模式,系统即进入压杆稳定实验窗口。

单击"准备实验",系统显示出实时的荷载、位移数值,这时要进行荷载、位移传感器初始状态的调整:松开加力旋钮,再慢慢拧紧,当所显示的力值稍微改变时,即可以调整百分表下的调节垫,使百分表指针读数达到5mm左右;用螺丝刀分别调整力与位移的调零电位器,使屏幕显示的力与位移值为零(或最小)。

(5)开始实验。为了消除零点偏离对实验结果的影响,先单击"零点读数",系统自动记录实时的零点数值并在以后的读数中予以扣除。

再单击"开始实验",设备进入实验状态,缓慢地连续地转动加力旋钮加力,反复观察试件变形现象及弹性曲线特征,体味加力时的手感,注意有无手感突然松弛,试件突然变弯,压力突然下降现象。若有,则此时试件是从直线状态平衡瞬即跳至微弯状态平衡,计算机即可以采集并绘出一条相应的曲线,同时显示所采集到的最大载荷F_{max}和压杆的极限载荷值F_{jx}。实验中计算机根据所采集的数据,绘出的曲线可有如图1—37中②、③两种形态,其原因如前述。

以上的实验过程应重复若干次,方可鉴别。每次加载结束时,须按"停止实验"键,实验完毕,打印结果或存盘。

(6)作完一种模式的压杆稳定实验,可以依次设定作其他三种模式的压杆稳定实验,重复以上的操作步骤。

由图1—38可知,上、中、下三类支座的组合方式甚多(数十种),可以供选择的实验项目很多,学生的选择余地很大。

至于弹性支承条件下的压杆稳定实验可以作为探索性的实验项目或留作后续课程选做。

6. 实验结果处理

(1)将实验结果整理填入表1—20。

表1—20

支承方式	杆件长度 L/mm	柔 度 $\lambda=\mu l/i$	理论临界力 F_{cr}/N	极限载荷 F_{jx}/N	$\frac{F_{jx}-F_{cr}}{F_{cr}}\times100\%$
两端铰支					
一端铰支 一端固定					
两端铰支加 中点铰支					
两端固定					

比较各种支承条件下理论临界力 F_{cr} 与实验极限载荷 F_{jx} 的差异，说明产生的原因，并说明支承条件对压杆临界承载力的影响。

(2)绘制四种刚性支承条件下压杆失稳的屈曲模态。

7. 复习思考题

(1)在整个加载过程中，压杆平衡状态的性质(状态的稳定性)有何变化？如何解释平衡状态“跳跃”的机理？为何在某些情况下却又没有这种现象？

(2)仔细对比每次出现的峰值 F_{max}，可见该值是不稳定的，有时甚至差别很大，为什么？该值是否对应于理想压杆的 F_{cr}？

(3)由图 1—37 可见，实验中的压杆可能出现两个特征压力值 F_{max} 和 F_{jx}，为什么不应将 F_{max} 而将 F_{jx} 作为实验压杆的极限承载能力的衡量指标？为什么 F_{jx} 与相应的理想压杆临界力值 F_{cr} 相对应？

§1.10 冲击实验

1. 实验目的

(1)了解金属材料常温一次冲击的实验方法。

(2)测定处于简支梁受载条件下的碳钢和铸铁试样在一次冲击载荷下的冲击韧性 α_{ku}。

(3)观察比较上述两种材料抵抗冲击载荷的能力及破坏断口的特征。

2. 实验设备和仪器

(1)冲击试验机。

(2)游标卡尺。

3. 试样的制备

冲击试样的类型和尺寸不同，得出的实验结果不能直接换算和相互比较，GB/T229—1994《金属夏比(U 型缺口)冲击试验方法》对各种类型和尺寸的冲击试样都作了明确的规定。本次实验采用金属材料夏比(U 型缺口)试样，其尺寸及公差要求如图 1—39 所示。

在试样上制作切口的目的是为了使试样承受冲击载荷时在切口附近造成应力集中，使塑性变形局限在切口附近不大的体积范围内，并保证试样一次冲断且使断裂发生在切口处。相关分析表明，在缺口根部发生应力集中。图 1—40 所示为试样受冲击弯曲时缺口所在截面上的应力分布图，图 1—40 中缺口根部的 N 点拉应力很大，在缺口根部附近 M 点处，材料处于三向拉应力状态，某些金属在静力拉伸下表现出良好的塑性，但处于三向应力作用下却有增加其脆性的倾向，所以塑性材料的缺口试样在冲击载荷作用下，一般都呈现脆性破坏方式(断裂)。

实验表明，缺口的形状，试样的绝对尺寸和材料的性质等因素都会影响断口附近参与塑性变形的体积。因此，冲击实验必须在规定的标准下进行，同时缺口的加工也十分重要，应严格控制其形状、尺寸精度及表面粗糙度，试样缺口底部光滑，没有与缺口轴线平行的明显

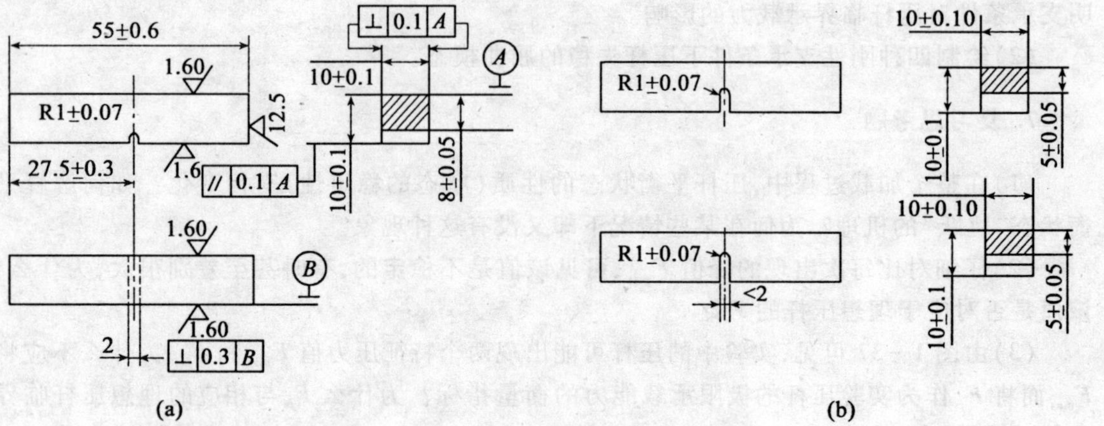

(a)标准试样；(b)深 U 型和钥匙孔型试样

图 1—39　夏比 U 型缺口冲击试样图

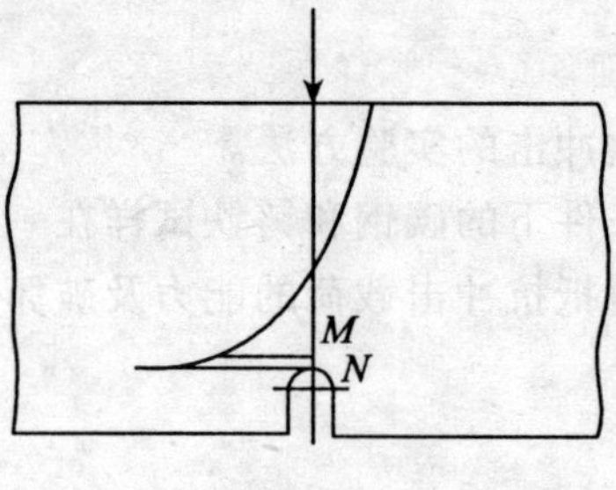

图 1—40　缺口处应力集中现象

划痕。

4. 实验原理

由于冲击过程是一个相当复杂的瞬态过程，精确测定和计算冲击过程中的冲击力和试样变形是困难的。为了避免研究冲击的复杂过程，研究冲击问题一般采用能量法。能量法只需考虑冲击过程的起始和终止两个状态的动能、位能(包括变形能)，况且冲击摆锤与冲击试样两者的质量相差悬殊，冲断试样后所带走的动能可以忽略不计，同时亦可以忽略冲击过程中的热能变化和机械振动所耗损的能量，因此，可以依据能量守恒原理，认为冲断试样所吸收的冲击功，即为冲击摆锤实验前后所处位置的位能之差。还由于冲击时试样材料变脆，材料的屈服极限 σ_s 和强度极限 σ_b 随冲击速度变化，因此实际工程中不用 σ_s 和 σ_b，而用韧度 α_k 衡量材料的抗冲能力。

实验时，把试样放在如图 1—41 所示的 B 处，将摆锤举至高度为 H 的 A 处自由落下，摆锤冲断试样后又升至高度为 h 的 C 处，其损失的位能 $A_{ku_2}=G(H-h)$ 通常称为冲击吸收功，式中 G 为摆锤重力，单位为牛顿(N)；A_{ku_2} 为缺口深度为 2mm 的 U 形试样的冲击吸收功，单位为焦耳(J)。

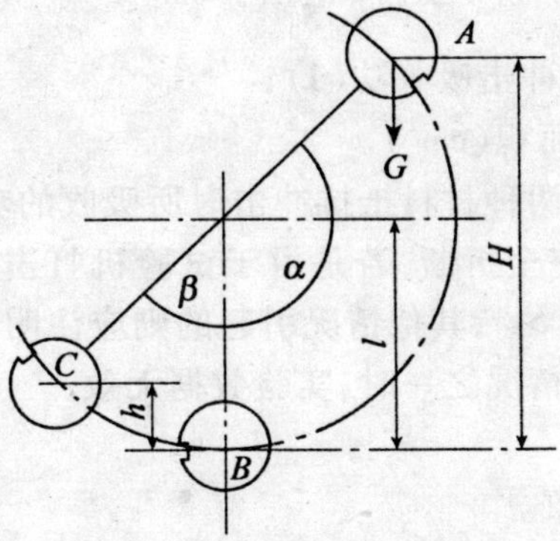

图1—41 冲击实验原理图

5. 实验步骤

(1)测量试样缺口处的横截面尺寸,其偏差应在规定的范围内。

(2)根据所测试的材料,估计试样冲击吸收功的大小,从而选择合适的冲击摆锤和相应的测试度盘,使试样折断的冲击吸收功在所用摆锤最大能量的10% ~90%范围内。

(3)进行空打实验。其方法是使被动指针紧靠主动指针并对准最大打击能量处,然后扬起摆锤空打,检查此时的被动指针是否指零,其偏离不应超过度盘最小分度值的$\frac{1}{4}$。否则需进行零点调整。

(4)正确安装试样。将摆锤稍离支座,试样紧贴支座安放,使试样缺口的背面朝向摆锤打击方向,试样缺口对称面应位于两支座间的对称面上,其偏差不应大于±0.2mm,如图1—41所示。

(5)实验温度一般应控制在10~35℃;对实验温度要求严格时为23℃ ±5℃。

(6)进行实验。将摆锤举起到高度为H处并锁住,然后释放摆锤,冲断试样后,待摆锤扬起到最大高度,再回落时,立即刹车,使摆锤停住。

(7)记录表盘上所指示的冲击吸收功A_{KU},取回试样,观察试样断口的形貌特征。

6. 实验注意事项

冲击实验要特别注意人身安全:

(1) 安装试样时,其他人绝对不准抬起摆锤,应先安置好试样,然后再举起摆锤。

(2)开始冲击时,实验人员绝对不准站在冲击摆锤打击平面内,以防试样破坏飞出或摆锤落下伤人。

(3)试样折断后,切勿立即拾回,以防摆锤伤人。

(4)无论何时,在抬起摆锤时,都要特别注意轻放,保证安全,放下过快则会损坏试验机。

7. 实验结果处理

(1)计算冲击韧性值α_{KU}

$$\alpha_{KU}=\frac{A_{KU}}{S_0}(\mathrm{J/cm^2})\qquad(1-69)$$

式中：A_{KU}——U 型缺口试样的冲击吸收功(J)；

S_0——试样缺口处断面面积(cm^2)。

(2)比较分析碳钢和铸铁两种材料抵抗冲击时所吸收的功，观察破坏断口的形貌特征。

(3)实验时，如果试样未完全折断，若是由于试验机打击能量不足引起的，则应在实验数据 A_{KU}或 α_{KU}前加大于符号">"，其他情况引起的则应注明"未折断"字样。

(4)实验过程中遇到下列情况之一时，实验数据无效：

① 错误操作。

② 试样折断前有卡锤现象。

③ 试样断口上有明显淬火裂纹且实验数据显著偏低。

8. 思考题

(1)冲击韧性值 α_{KU}为什么不能用于定量换算，只能用于相对比较？

(2)冲击试样为什么要开缺口？

(3)为什么冲击实验一般运用能量法？

§1.11 高、低周疲劳基本实验

1. 实验目的

(1)了解测定持久极限的方法。

(2)观察疲劳破坏的断口，分析导致疲劳破坏的主要原因。

(3)了解高频疲劳试验机的工作原理，参观其他类型的疲劳试验机。

2. 预习思考要点

预习教材中有关"交变应力"的内容，了解测定持久极限的方法。了解高频疲劳试验机的工作原理。

3. 实验设备和仪器

(1) 高频疲劳试验机。

(2) 游标卡尺。

4. 实验试样

采用圆形试样进行实验，如图 1—42 所示。应注意，圆形试样夹头部分应与试样轴线同轴，其偏差不大于0.01mm。加工技术要求详见国标 GB4337—84《金属旋转弯曲疲劳试验方法》。

5. 实验原理

外加交变应力 S 和标准试样疲劳寿命 N 之间的关系曲线，称为材料的 S—N 曲线。绘制 S—N 曲线时通常取最大应力 S_{max} 为纵坐标，也可以用应力幅 S_a 为纵坐标。

图 1—43 所示的是金属材料 S—N 曲线的两种基本类型。图 1—43 中曲线 a 分别为Ⅰ、Ⅱ、Ⅲ三段。第Ⅰ段在低周次（低于 10^4 次）时，曲线斜率不大，材料能承受的循环应力只比轴向拉伸强度低一些，此时的疲劳行为近似于轴向拉伸；第Ⅱ段斜率较大，呈现疲劳过程的特点；第Ⅲ段是水平渐近线，相应的应力幅称为“疲劳极限”。材料在低于疲劳极限的应力作用下服役，不会发生疲劳破坏。

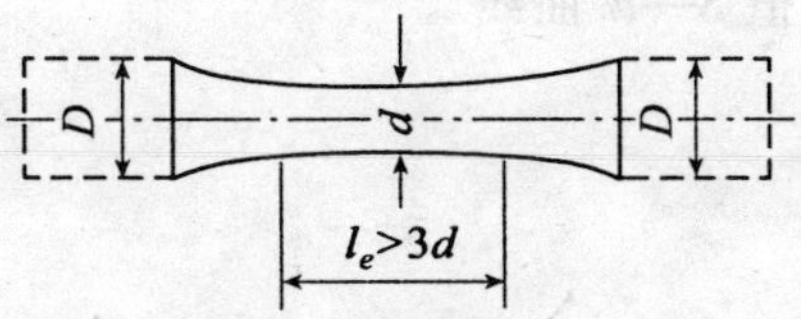

图 1—42 轴向疲劳试样

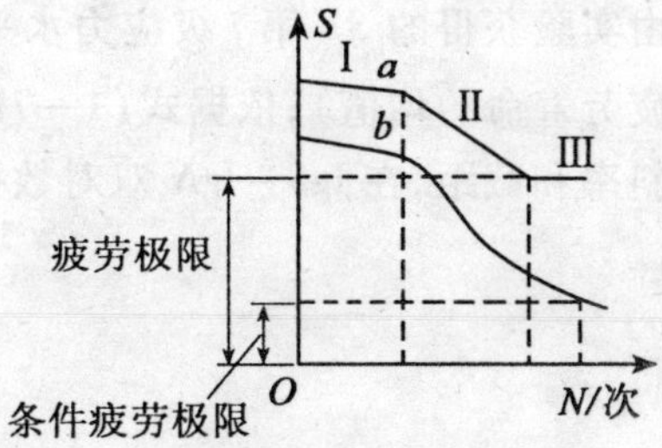

图 1—43 S—N 曲线

许多金属材料的疲劳过程具有图 1—43 中曲线 b 的 S—N 曲线特点，它们不出现呈水平渐近线的疲劳极限。在这种情况下，人们采用经 10^7 次循环而不破坏的最大应力作为材料的“条件疲劳极限”。

S—N 曲线的第Ⅱ段常用如下公式描述

$$S^m N = C \tag{1—70}$$

两边取对数得

$$\lg N = \lg C - m\lg S \tag{1—71}$$

式（1—71）中，m 为 S—N 曲线的斜率，$\lg C$ 为直线截距，均为材料常数。式（1—71）在双对数坐标系中为一直线。

6. 实验方法

有两种等幅应力测试材料的 S—N 曲线方法，即单点法和成组法。

（1）单点法

单点法在每一种应力水平下只实验一根试样。一条 S—N 曲线大约需要 10 根试样。对各个试样施加不同幅值的应力直到产生破坏（可预先协定为可见裂纹或完全断裂为破坏状态），或者是达到预先设置的循环次数而没有破坏。应力幅值选择的原则是，指定疲劳极限的循环次数（如 10^7 次），若在该循环次数下，试样不发生破坏，则与该循环次数相对应的疲劳极限就称为条件疲劳极限。其余试样的加载应力水平要使试样的破坏循环次数拉开一定距离，以达到可以描绘出一条 S—N 曲线的目的。

（2）成组法

测定材料的 S—N 曲线时，通常采用成组法。所谓成组法就是在每种应力水平下实验一组试样的方法。其实验步骤如下：

①确定应力等级。应用成组法测定 S—N 曲线时，应力水平应大于或等于 4 级，可以在

$0.6\sigma_b$ 与 S_{-1}之间，依据上宽下窄的原理进行选择。其中 σ_b 是静强度极限，S_{-1}是对称弯曲疲劳极限。

② 用单点法测出疲劳极限 S_{-1}。

③ 依据单点法的实验结果，确定各级应力水平的数值。实验顺序可以任意选择，一般习惯采用由高应力水平到低应力水平的顺序。

7. 实验数据处理与分析

由实验获得的 S_i（第 i 级应力水平下的应力幅值或最大应力值），$\overline{X}_i$（第 i 级应力水平下对数疲劳寿命的均值）；依据式(1—71)，采用最小二乘法进行直线拟合，可以得出该拟合直线的斜率和截距，在 $\lg S - \lg N$ 双对数坐标图上绘出中值 S—N 曲线。

第 2 章　选择性实验

§2.1　金属材料残余延伸强度($R_{r0.2}$)的测定

1. 实验目的

(1)学会测试无明显屈服阶段材料(如高碳钢、黄铜和硬铝等)的名义屈服极限的原理和方法。

(2)测定高碳钢或硬铝的规定残余伸长应力 $R_{r0.2}$。

2. 预习思考要点

阅读本书 §3.1 节。

(1)测定材料的规定残余伸长应力 $R_{r0.2}$有何实用意义?

(2)用引伸计(卸力)法测 $R_{r0.2}$时为什么要反复加载、卸载?初始载荷 F_0 是否影响测量结果?

3. 实验仪器和设备

(1)万能材料试验机。

(2)机械式引伸计。

(3)游标卡尺。

4. 实验试样

同金属材料拉伸实验试样。

5. 实验原理

GB/T228—2002《金属拉伸试验方法》中规定,$R_{r0.2}$表征试样卸除拉伸力后,其标距部分的残余伸长达到规定的原始标距长度的 0.2% 时的应力,简称为规定残余伸长应力。其表达式为

$$R_{r0.2} = \frac{F_{r0.2}}{S_0}$$

式中,$F_{r0.2}$表示规定产生 0.2% 的残余伸长力,S_0 表示试样平行长度部分的原始横截面面积,$R_{r0.2}$表示规定残余延伸率为 0.2% 时的应力,如图 2—1 所示。

金属材料规定残余伸长应力 $R_{r0.2}$和屈服点 σ_S 一样,是表征材料开始塑性变形时的应

力。其测试方法可以分为图解法和引伸计(卸力)法。

(1)采用图解法测 $R_{r0.2}$时,需借助试验机上的自动绘图装置作出载荷 F 与伸长 ΔL 的关系曲线图,如图 2—2 所示。为了确保其测量精度,要求力轴每毫米所代表的应力一般应不大于 $10N/mm^2$,曲线的高度应使 F_r 处于力轴量程的$\frac{1}{2}$以上。伸长放大倍数的选择应使图 2—2 中的$\overline{OC}$段的长度不小于 5mm。然后,在绘出的 $F—\Delta L$ 曲线图上,自弹性直线段与伸长轴的交点 O 起,在伸长轴上截取一相应于规定非比例伸长的$\overline{OC}$段,即

$$\overline{OC} = L_e \times K \times 0.2\% \ = KL_e e_r,$$

其中 L_e 为引伸计标距,K 为引伸计放大倍数,e_r 为残余伸长应变,即等于 0.2%。然后过 C 点作弹性直线段的平行线$\overline{CA}$交曲线于 A 点,则 A 点对应的拉力 F_r 即为所测规定残余伸长相对应的 $F_{r0.2}$。根据 $F_{r0.2}$可以计算出规定残余伸长应力 $R_{r0.2}$。

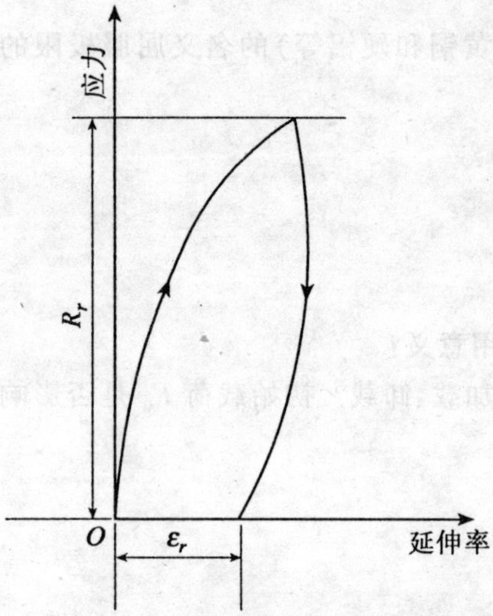

图 2—1　规定残余延伸强度 $R_{r0.2}$

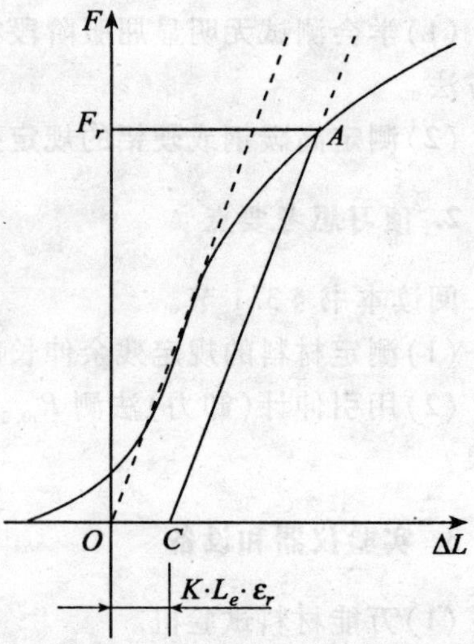

图 2—2　图解法测定 $R_{r0.2}$

该方法系一次加载后,即可以求出 $R_{r0.2}$,但要求有高精度的自动测绘设备,例如电子万能试验机、电液伺服试验机或一般的万能试验机,再配备测量仪器(力传感器、位移传感器及记录绘图装置等)才能保证其测量精度要求。所以,一般情况下不采用该方法。常采用引伸计(卸力)法来测量金属材料的 $R_{r0.2}$。

(2)采用引伸计(卸力)法测 $R_{r0.2}$时,其具体步骤如下:

① 根据§1.1 节中拉伸实验的要求做好准备工作,例如测量试样的直径,安装试样及调整引伸计等。

② 计算引伸计标距 L_e 内产生 0.2% 的残余变形所对应的规定残余伸长值($0.2\% L_e$)及其在引伸计上的分格数 A,即

$$规定残余伸长值在引伸计的分格数\ A = \frac{规定残余伸长值}{引伸计每分格值}$$

③ 加初始载荷 F_0。即相当于预计规定残余伸长应力的10%的力。安装好引伸计。继续加力至 $2F_0$ 后再卸力到 F_0,调整引伸计的零点或引伸计的条件零点为 1 分格(分格数的

初读数)。

④ 从 F_0 开始加载,第一次施力致使试样在引伸计标距内产生的总伸长为 $K \times L_e \times e_r$ + (1 ~ 2)分格,即 A + (1 ~ 2)格。式中第一项为规定残余伸长,第二项为弹性伸长。然后卸载至 F_0,在引伸计上读出首次卸力的残余伸长。以后每次施力应使试样产生的总伸长为其前一次总伸长加上规定残余伸长与该次残余伸长(卸至 F_0)之差,再加上 1 ~ 2 分格的弹性伸长增量。实验直至实测的残余伸长值等于或稍大于规定残余伸长值为止,如图 2—3 所示。

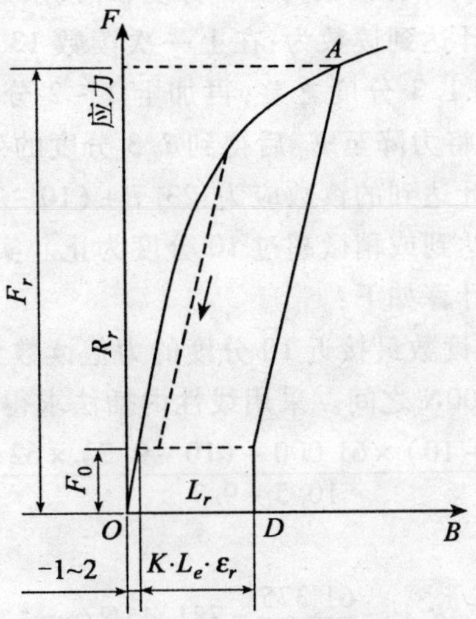

图 2—3 卸力法测定 $R_{r0.2}$

⑤ 将每次加载与卸载时引伸计读出的分格数记入表 2—2 中,然后计算其残余伸长值并与规定残余伸长应力 $R_{r0.2}$所要求的残余伸长相比较。最后采用内插法算出相当于规定残余伸长时所对应的力 $F_{r0.2}$。

⑥ 采用卸力法测定规定残余延伸强度 $R_{r0.2}$举例。

实验材料:钢,预期的规定残余延伸强度 $R_{r0.2}$ ~800N/mm^2;

试样尺寸:d = 10.00mm,S_0 = 78.54mm^2;

引伸计:表式引伸计,1 级准确度,L_e = 50mm,每一分度值为 0.01mm;

实验机:最大量程 200kN,选用度盘为 100kN;

实验速率:按照表 2—1 中应力速率的规定要求。

表 2—1 **应力速率**

材料弹性模量 E/(N/mm^2)	应力速率/(N/mm^2 · s^{-1})	
	最 小	最 大
< 150000	2	20
= 150000	6	60

按照预期的规定残余延伸强度计算相应于应力值10%的预拉力为

$$F_0 = R_{r0.2} \cdot S_0 \times 10\% = 6\ 283.2\text{N}$$

化整后取6000N。此时,引伸计的条件零点为1分度。

使用的引伸标距为50mm,测定规定残余延伸强度 $R_{r0.2}$ 所要达到的残余延伸应为:50×0.2% =0.1mm。将其折合成引伸计分度数为:0.1÷0.01=10分度。

从 F_0 起第一次施加力直至试样在引伸计标距的长度上产生总延伸(相应于引伸计的分度数)应为:10+(1~2)=11~12分度。由于条件零点为1分度,总计为13分度。保持力10~12s后,将力降至 F_0,引伸计读数为2.3分度,即残余延伸为1.3分度。

第二次施加力直至引伸计达到读数为:在上一次读数13分度的基础上,加上规定残余延伸10分度与已得残余延伸1.3分度之差,再加上1~2分度,即13+(10-1.3)+2 = 23.7分度。保持力10~12s,将力降至 F_0 后得到7.3分度的残余延伸读数。

第三次施加力直至引伸计达到的读数应为:23.7+(10-7.3)+1=27.4分度。

实验直至残余延伸读数达到或稍微超过10分度为止。实验记录如表2—2所示。

规定残余延伸强度 $R_{r0.2}$ 计算如下:

由表2—2查出残余延伸读数最接近10分度的力值读数为61000N,亦即测定的规定残余延伸力应在61000N和62000N之间。采用线性内插法求得规定残余延伸力为

$$F_{r0.2} = \frac{(10.5-10)\times 61\ 000 + (10-9.7)\times 62\ 000}{10.5-9.7} = 61\ 375\text{N}$$

得到

$$R_{r0.2} = \frac{61\ 375}{78.54} = 781.45\text{N/mm}^2$$

修约的方法按照GB8170—87《数值修约规则》的要求,修约后结果为:$R_{r0.2}$ = 780N/mm²。

表2—2 力—残余延伸数据记录

力/N	施加力引伸计读数分度	预拉力引伸计读数分度	残余延伸分度
6000	1.0	—	—
41000	13.0	2.3	1.3
57000	23.7	8.3	7.3
61000	27.4	10.7	9.7
62000	28.7	11.5	10.5

6. 实验步骤

(1)根据实验室具体设备情况,选择实验方案(图解法或引伸计法)。

(2)由确定的测试方法和原理,拟定加载方案,并作好记录。本实验采用引伸计(卸力)法测定高碳钢或硬铝的 $R_{r0.2}$。

(3)分析计算实验数据,求出高碳钢或硬铝的 $R_{r0.2}$ 值。其数据按照GB8170—87《数值

修约规则》中的规定修约。

7. 实验结果处理

(1)简述实验名称、目的要求、设备仪表及实验过程。

(2)给出材料的 $R_{r0.2}$ 值(含记录原始数据表格)。

(3)分析实验误差及其原因。

§2.2　压力容器的强度检验

1. 实验目的

在机械、化工、锅炉、水电、火电等工程中,常使用一些压力容器和管道,这类设备都是采用薄板焊接技术拼接而成的,是承受内压力作用的重要部件。为了确保这类部件的安全与适用性,必须对其强度进行检验。本实验要求学生根据给定的薄壁圆筒$\left(\frac{t}{D}=\frac{1}{20}\right)$压力容器,利用电测技术通过自行设计完成其强度检测。

(1)自行拟定测试总方案和实施步骤。检验压力容器上任一点处特别是焊缝附近处的应力状态。

(2)测定压力容器外壁某点的主应力大小和方向以及任意斜方向的应力大小,并与理论计算结果进行比较。

(3)对压力容器的安全性与适用性进行评估,写出结论性意见。

(4)进一步熟悉电测法测试技术。

2. 预习思考要点

(1)复习《材料力学》和《工程力学》教材中应力状态和应变状态理论部分。

(2)在平面应力状态测试中,采用什么形式的应变花可以使计算较方便?应变花的形式不同是否影响应变的测试结果?

(3)通过本实验,你能找出哪些防止薄壁压力容器失效的对策或措施?

3. 实验仪器和设备

(1)静态应变数字处理仪及电脑。

(2)压力容器装置及加载系统。

(3)空气压力机(或高压气筒)。

(4)粘贴应变片物品(如 502 胶,丙酮、砂布、脱脂棉等)。

(5)测量仪表(兆欧表、压力表、电桥、游标卡尺,钢针等)。

(6)电阻应变片、导线、电烙铁、接线端子等。

4. 实验装置

薄壁圆筒压力容器应变测量实验装置如图 2—4 所示。该装置由圆筒体(含气囊)、压力表、连通管、三通开关等组成。其中气囊放入容器内,圆筒用法兰盘封闭。采用空气压缩机或高压气筒的充气方式对容器施加内压力,其压力大小由压力表读出。

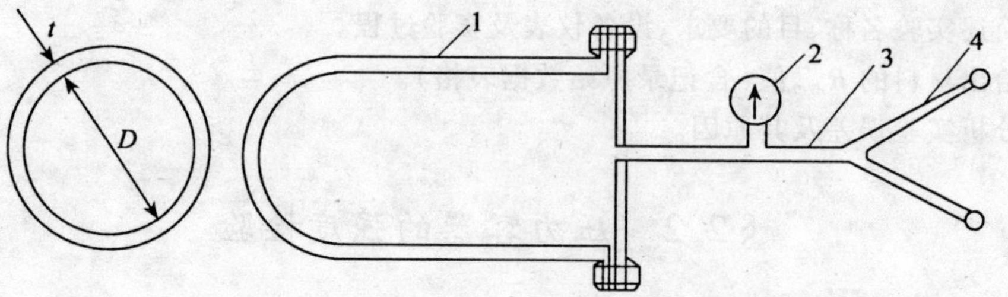

1—压力容器;2—压力表;3—连通管;4—三通开关

图 2—4 压力容器装置及加载系统示意图

5. 实验原理

在平面应力状态下某一点的主应力及主方向可以借助于贴在该点处的应变花来测定。本实验采用45°应变花,设其中 $R_{0°}$应变片沿圆管的轴线方向。由平面应力状态下的应变和应力分析得主应变和主应力分别为

$$\left.\begin{matrix}\varepsilon_1\\ \varepsilon_2\end{matrix}\right\}=\frac{\varepsilon_{0°}+\varepsilon_{90°}}{2}\pm\frac{1}{2}\sqrt{(\varepsilon_{0°}-\varepsilon_{90°})^2+(2\varepsilon_{45°}-\varepsilon_{0°}-\varepsilon_{90°})^2} \tag{2—1}$$

$$\left.\begin{matrix}\sigma_1\\ \sigma_2\end{matrix}\right\}=\frac{E}{2}\left[\frac{\varepsilon_{0°}+\varepsilon_{90°}}{1-\mu}\pm\frac{1}{1+\mu}\sqrt{(\varepsilon_{0°}-\varepsilon_{90°})^2+(2\varepsilon_{45°}-\varepsilon_{0°}-\varepsilon_{90°})^2}\right] \tag{2—2}$$

其中材料弹性模量 E 和泊松比 μ 为给定值;$\varepsilon_{0°}$为 $R_{0°}$应变片(即应变片轴线和圆管轴线平行)的应变测量值。$\varepsilon_{45°}$和 $\varepsilon_{90°}$分别为 $R_{45°}$和 $R_{90°}$的应变测量值。

设最大主应力 s_1 的方向与圆管轴线(亦即 $R_{0°}$应变片的轴线方向)的夹角为

$$\theta=\frac{1}{2}\arctan\left(\frac{2\varepsilon_{45°}-\varepsilon_{0°}-\varepsilon_{90°}}{\varepsilon_{0°}-\varepsilon_{90°}}\right) \tag{2—3}$$

这里应注意,ε_1 的方向判断原则是:ε_1 距最大应变值最近。

当然,本实验可以采用不同形式的应变花,请读者自行选取。

6. 实验步骤

(1)准备工作(若有时间学生可以自行完成,若没有时间由实验室指导老师先完成)。

① 测量实验装置的有关尺寸;② 确定测试位置、布片及加载方案;③ 测点表面处理;④ 选片及贴片;⑤ 检查贴片质量与焊应变片连接线;⑥ 将应变片导线与应变仪连接。

(2)调整各种仪器设备。

(3)对装置分级充气加载并记录应变测量结果。

(4)对测试结果进行分析计算。

(5)进行理论计算并与测试结果进行比较。

7. 实验结果处理

(1)将实验试样的弹性模量、尺寸及其测量位置、应变片灵敏系数以及实验中所加的压力值及其相应测点的几个方向的应变值填入自制的表格中，并计算应变的平均值，主应力的实验值和理论值的大小及方向、相对误差等也列入表格中。

(2)将各点的 $\sigma_{理}$ 和 $\sigma_{实}$ 描绘在同一坐标方格纸上，以便进行比较，分析误差产生的原因。

§2.3　偏心拉伸实验

1. 实验目的

(1)分别测量偏心拉伸构件由轴力和弯矩所产生的应力。

(2)由测得的应变成分反求偏心拉伸构件所受的载荷和载荷的偏心距。

(3)熟悉电阻应变仪的各种电桥接法及测量组合变形构件中某一种内力素的一般方法。

2. 实验仪器和设备

(1)万能材料试验机或拉伸实验装置。

(2)静态电阻应变仪。

(3)游标卡尺。

3. 实验原理

对于偏心拉伸构件，如图 2—5 所示，由材料力学可知偏心拉伸属于拉伸与弯曲的组合变形，在线弹性范围内，杆件在组合变形条件下的应力和应变分析通常是按叠加原理进行计算的，据此将电阻应变仪的测量电桥，按不同的桥路接法就可以分别测出组合变形下构件的内力素。

本实验载荷作用线与试样轴线平行但不重合，且载荷 F 作用在截面形心主惯性平面 XY 内，该力经分解后，与轴线重合的载荷 F 引起试样的轴向拉伸，而 XY 平面内的弯矩 $M_z = F \cdot e_z$引起试样的弯曲变形。横截面上各点的应力均处于单向应力状态。

根据以上分析，在试样的形心主惯性平面 XY 的两侧面的轴线方向各布设一枚电阻应变计 R_1、R_2，如图 2—5 所示，根据电测法桥路的不同接法，来分离拉伸应变和弯曲应变，若将 R_1、R_2 按全桥接法，对点补偿如图 2—6 所示接入应变仪，设 R_1 感受的应变为 ε_{AB}，R_2 感受的应变为 ε_{CD}，则有

$$\begin{aligned}
\varepsilon_{AB} &= \varepsilon_P + \varepsilon_{MZ} + \varepsilon_t \\
\varepsilon_{BC} &= \varepsilon_t \\
\varepsilon_{CD} &= \varepsilon_P - \varepsilon_{MZ} + \varepsilon_t \\
\varepsilon_{DA} &= \varepsilon_t
\end{aligned} \tag{2—4}$$

因为 R_1、R_2 接于电桥的相对桥臂，由电桥的输出特性可得

$$\begin{aligned}\varepsilon_{仪} &= \varepsilon_{AB} - \varepsilon_{BC} + \varepsilon_{CD} - \varepsilon_{DA} \\ &= (\varepsilon_P + \varepsilon_{MZ} + \varepsilon_t) - \varepsilon_t + (\varepsilon_P - \varepsilon_{MZ} + \varepsilon_t) - \varepsilon_t = 2\varepsilon_P\end{aligned} \tag{2—5}$$

则

$$\varepsilon_P = \frac{\varepsilon_{仪}}{2} \tag{2—6}$$

式中：ε_P——拉伸应变；

ε_{MZ}——弯曲应变；

ε_t—温差应变。

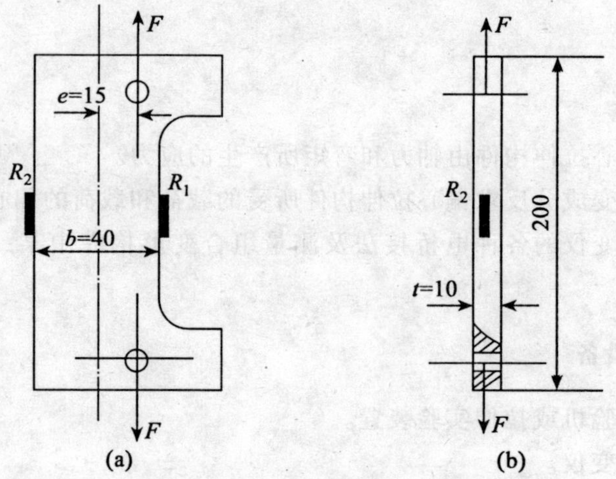

图 2—5　偏心拉伸试样及布片图

R_t 为温度补偿片电阻，R 为应变仪内置固定电阻。测得的拉伸应变为读数应变的二分之一，这样提高了仪器读数的灵敏度。若将 R_1、R_2 按半桥双臂接法，自补偿如图 2—7 所示接入应变仪，则有

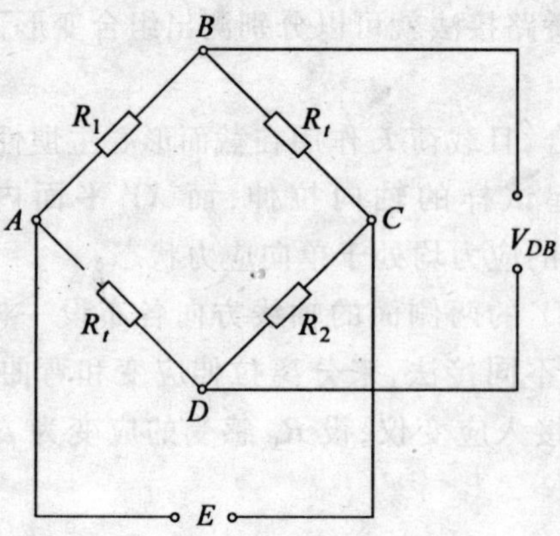

图 2—6　测定拉伸应变的电桥接法

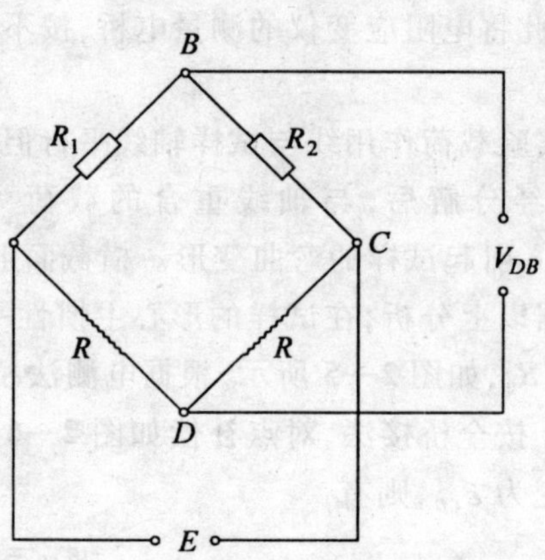

图 2—7　测定弯曲应变的电桥接法

$$\varepsilon_{AB} = \varepsilon_P + \varepsilon_{MZ} + \varepsilon_t\,,\quad \varepsilon_{BC} = \varepsilon_P - \varepsilon_{MZ} + \varepsilon_t \tag{2—7}$$

因为 R_1、R_2 接于电桥的相邻桥臂，由电桥的输出特性，可得

$$\begin{aligned}\varepsilon_{仪} &= \varepsilon_{AB} - \varepsilon_{BC} \\ &= (\varepsilon_P + \varepsilon_{MZ} + \varepsilon_t) - (\varepsilon_P - \varepsilon_{MZ} + \varepsilon_t) = 2\varepsilon_{MZ}\end{aligned} \tag{2—8}$$

则

$$\varepsilon_{MZ} = \frac{\varepsilon_{仪}}{2} \tag{2—9}$$

测得的弯曲应变为读数应变的二分之一，这样既提高了仪器读数的灵敏度，又实现了温度补偿。

而且由以上的分析可知

$$\varepsilon_P = \frac{F}{S \cdot E}, \quad \varepsilon_{MZ} = \frac{F \cdot e_z}{W_Z \cdot E} \tag{2—10}$$

式中：E——构件材料弹性模量；

S——构件截面面积；

W_Z——构件截面抗弯截面模量。

从已测得的拉伸引起的应变 ε_P 和弯曲引起的应变 ε_{MZ} 即可以反求出试样所受的偏心载荷 F 及偏心距 e_z。

4. 实验步骤

(1)测量试样尺寸和载荷偏心距，根据试样材料的比例极限，由下式估算实验的最大载荷

$$\sigma = \frac{F}{bt} + \frac{6Fe}{tb^2} \tag{2—11}$$

式中：b——试样截面宽度；

t——试样截面厚度。

从而拟定等增量加载方案。

(2)按图 2—6 所示的电桥接线图接线，试样装于实验装置上，按电阻应变仪操作规程，缓慢加载至预定的最终载荷逐级记录各测点的应变值，并计算相应的应变增量和应变增量的算术平均值，从而得到拉伸引起的应变。

(3)按图 2—7 所示的电桥接线图接线，重复实验步骤(2)，测定弯曲引起的应变。

5. 实验数据的处理

(1)由计算的应变增量的算术平均值分别得到拉伸引起的应变和弯曲引起的应变，遵循单向虎克定律 $\sigma = E\varepsilon$，计算出偏心拉伸作用下试样截面上产生的拉伸应力 σ_P 和弯曲应力 σ_{MZ}，再由 σ_P 和 σ_{MZ} 计算试样截面上的轴力 $N = \sigma_P \cdot S$ 和弯矩 $M_Z = \sigma_{MZ} \cdot \frac{I_Z}{y}$。

(2)由测得的拉伸应变 $\varepsilon_P = \frac{F}{S \cdot E}$ 和弯曲应变 $\varepsilon_{MZ} = \frac{F \cdot e_z}{W \cdot E}$ 反求试样所受的偏心载荷 F 和载荷的偏心距 e_z。

(3)将实验测量值和理论计算结果相比较，分析实验误差。

6. 思考题

除了以上两种组桥方式外,是否还可以用其他的组桥方式测出 ε_P、ε_{MZ},并绘出电桥接线图。

§2.4 温度对材料力学性能的影响实验

1. 实验目的

了解材料在短期加载时温度对材料力学性能的影响。

2. 预习思考要点

了解在高温或低温下对材料进行短期加载时,哪些力学性能将发生改变。

3. 实验设备和仪器

(1)万能试验机。
(2)高温电炉。
(3)低温箱。

4. 实验试样

试样形状、尺寸和要求与常温拉伸试样相同。

5. 实验原理

在高温或低温下对材料进行短期加载时,其力学性能与常温下的相比将发生改变。在高温或低温下测试的材料力学性能,更贴近于实际结构的工作条件,为结构或构件的设计提供有意义的参数。

在实验中可以观察到,在常温下为塑性材料的钢材,其塑性性能将随温度降低而降低,当达到液氮温度时将完全失去塑性而转化为脆性材料。相反,随着温度的增加,塑性性能则显著增强。与上述现象相反的是,材料的强度指标 R_{el}和 R_m 随温度的降低而增大,随温度的增高而减小。在室温下塑性性能较好的金属材料大多数都遵循上述规律,但也有个别材料例外。

测试温度对材料力学性能的影响时,只需在材料试验机上附加高温电炉或低温箱,并将试样置于其中,再按一般拉伸实验的方法进行实验。

6. 实验步骤

(1)了解高温炉、低温箱和温度显示等设备、仪器的操作方法。

(2)在高温炉中对试样(材料:铬锰钢)进行拉伸实验,观测材料随温度升高其塑性指标 A、Z 和强度指标 R_{el}、R_m 的变化;在低温箱中进行低温条件下的拉伸实验,观测材料随温度降低,其塑性指标和强度指标的变化。

(3)对于低碳钢试样,进行与上述相同的实验,观察其塑性指标和强度指标的变化,并与铬锰钢试样的测试结果进行比较,看二者之间有何特点。

为进一步配合实验,可以在多媒体室演示“材料在短期加载时温度对力学性能的影响”。

§2.5 残余应力测试实验

1. 实验目的

(1)掌握测定残余应力的盲孔法。

(2)测定焊接钢板试件上的残余应力。

2. 预习思考要点

掌握盲孔法测试残余应力的步骤,了解钻孔的技术要求。熟悉采用弹性力学的方法计算板上钻孔处释放前的残余应力值 σ_1,σ_2。

3. 实验设备和仪器

(1)DZDL-1 型钻孔装置。

(2)静态电阻应变仪。

(3)万用表。

4. 实验试样

对接焊接的钢板。

5. 实验原理

采用切割法和套环法测量残余应力具有较大的破坏性,因此目前在焊接件和铸件上应用得较多的残余应力测量方法是盲孔法。在焊接钢板上有残余应力的区域内钻一小盲孔,因小孔附近的残余应力被释放,孔区附近的残余应力场将发生变化,从而导致残余应变场发生变化。钻孔的直径和深度都不大,不会影响被测构件的正常使用。并且这种方法具有较高的精度,因此该方法已成为应用比较广泛的方法。只要测出该局部区域的应变变化量,即可以利用弹性力学的方法计算出板上钻孔处释放前的残余应力值 σ_1,σ_2

$$\left.\begin{matrix}\sigma_1\\ \sigma_2\end{matrix}\right\} = -\left[\frac{E}{4A}(\varepsilon_{0^\circ}+\varepsilon_{90^\circ}) \mp \frac{\sqrt{2}}{4B}\sqrt{(\varepsilon_{0^\circ}-\varepsilon_{45^\circ})+(\varepsilon_{90^\circ}-\varepsilon_{45^\circ})^2}\right] \tag{2—12}$$

$$\tan(2\varphi) = \frac{2\varepsilon_{45^\circ}-\varepsilon_{0^\circ}-\varepsilon_{90^\circ}}{\varepsilon_{0^\circ}-\varepsilon_{90^\circ}} \tag{2—13}$$

式中:ε_{0°、ε_{45°、ε_{90°分别为该处在 0°、45°、90°方向上的释放应变;σ_1、σ_2 分别为最大、最小主应力;φ 为最大主应力与 ε_{0°电阻片参考轴的夹角;E 为被测钢板的弹性模量;A、B 为应变花的释放系数,TJ120—1.5—F1.5 应变花在普通钢材上的释放系数为

$$A = -0.07255 \pm 10\%\ (2\text{ 倍标准偏差})$$

$$B = -0.15140 \pm 6\% \text{（2 倍标准偏差）}$$

需要说明的是，释放系数 A、B 与应变花的几何尺寸、孔径、孔深及材料的 E、v 有关，应用时必须对每种被测材料进行标定，A、B 系数不能通用。

6. 实验步骤

采用盲孔法测试残余应力的步骤如下：

(1)将应变花按应变片粘贴的通用方法准确粘贴在试样测量点上，并将测量导线焊接好。

(2)将测量导线连接到静态电阻应变仪上。

(3)安装钻具，如图 2—8(a)所示。将带观察镜的钻具放在试样表面上，开启照明灯，在观察镜里观察，初步对准应变花中心位置。然后在钻具支腿与试样接触处滴少许 502 胶水，胶水固化后拧紧钻具支腿上的锁帽，将钻具固定于试样表面。再松开锁紧压盖，调整 X—Y 方向的四个调节螺母（必须先松后紧），使观察镜里的十字线中心在转动观察镜观察时始终与应变花中心保持重合。锁紧压盖，将各应变片所接电阻应变仪调零。

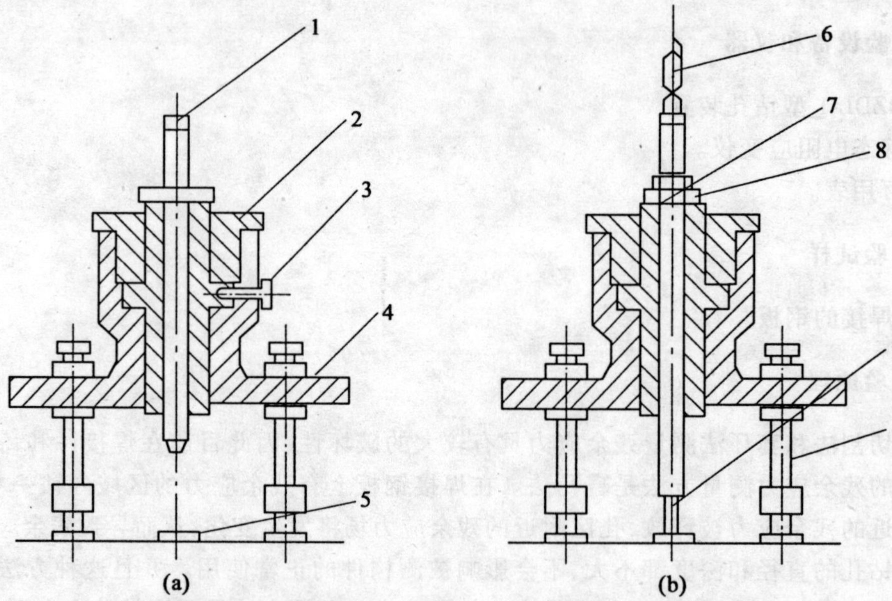

1—放大镜；2—套筒；3—X、Y 方向调整螺栓；4—支架调整螺母；
5—应变花；6—手电钻；7—内筒；8—深度定位块；9—钻头；10—支腿

图 2—8 钻孔装置简图

(4)钻孔（见图 2—8(b)）。取下观察镜，将专用端面铣刀的钻杆擦干净，滴上润滑油（需用缝纫机油，不可使用一般机油），插入钻具的套筒内，用手轻轻转动，除去钻孔部位的应变花基底后，取出钻杆。此时，每个应变片的应变读数应变化不大，再次调整静态电阻应变仪的零点。

将配置 $\phi 1.0$mm 钻头的钻杆擦干净，滴上润滑油插入钻具套筒内，松开钻杆上的定位卡圈，在钻杆卡圈与钻具套筒间塞入厚度为2.00mm的钻孔深度控制垫块，使钻头与工件接触后固定卡圈。除去2.00mm的垫块，连接好手电钻，调压器调至最大(220V)，即可开钻。保持合适的压力，钻至卡圈与夹具套筒间贴合，即到预定孔深(2.00mm)，拔出钻杆。再换上配置ϕ1.5mm麻花钻的钻杆，按以上相同步骤进行钻孔，调压器电压应调至60~70V，进刀量尽量小。钻至预定孔深后，拔出钻杆。过3~5min，当静态电阻应变仪指示稳定时，测出应变值$\varepsilon_{0°}$、$\varepsilon_{45°}$、$\varepsilon_{90°}$，再减去附加应变即可以得到钻孔加工所产生的应变输出。

钻孔的技术要求：

(1)被测表面的处理要符合应变测量的技术要求，应变花应用502胶水准确地粘贴在测点位置上，并用胶带覆盖好丝栅，防止铁屑破坏丝栅。

(2)钻孔时要保证钻杆与测量表面垂直，钻孔中心偏差应控制在±0.025 mm以内。

(3)钻孔时要稳，机座不能抖动。钻孔速度要低，钻孔速度快易导致应变片的温度漂移，孔周切削应变增大使测量不稳定。为消除切削应变的影响，可以先采用小钻头钻孔然后再用铣刀铣孔。

7. 实验数据处理与分析

全部原始实验数据与测量结果均应列表表示，并对测量结果进行误差分析。

§2.6　光弹仪调试及光学效应演示实验

光弹性实验方法是应用光学原理和光学仪器，对带有物体力学信息的光学图像进行量测和分析来研究力学问题。该方法采用具有双折射性能的透明材料制做成与实际构件形状相似的模型，在模型上施加与实际构件的荷载相似的外力，放在偏振场中，由于偏振光的干涉，产生明暗相间的彩色条纹，该条纹表示模型内部各点的应力情况，用来确定模型各点的应力，再根据相似原理，换算成实际构件中的应力，从而得到光弹性实验的基本资料，供设计单位参考。

光弹性实验是一种直观的、全场的测试技术，能把整个模型的应力通过光干涉条纹全部显现出来，能有效地和准确地确定结构或构件的应力分布及应力大小，能有效地和准确地模拟有突变断面的应力分布及应力集中等复杂情况，并能迅速、准确地求出构件的应力和应力集中系数，以便从强度观点比较构件设计方案的合理性。光弹性实验不仅能用于平面问题的应力分析，而且能用于三维问题以及动应力、热应力和塑性变形等方向的研究。在土建、水利、机械、航天航空工业、核能发电结构、大型水电站、交通、矿山工业以及海洋钻井平台等方面有较广泛的应用。光弹性实验是材料力学实验的重要组成部分。

1. 实验目的

(1)了解光弹仪及其主要部件的应用。

(2)认识正交偏振光(暗场)和平行偏振光(明场)的光学效应。

(3)认识受力模型的临时双折射效应。

(4)初步观察等差线和等倾线的出现和条件。

2. 预习思考要点

了解光弹仪的基本构造，光弹仪的调整及操作光弹仪的注意事项；了解光弹性实验的基本原理及相关的光学定律；等差线的形成及其意义；等倾线的形成及其意义。

3. 实验设备

409—II 型光弹仪一台。如图 2—9 所示。

图 2—9 409—II 型光弹仪外形

4. 试件

环氧树脂模型若干个：① 圆盘；② 圆环；③ 方板；④ 矩形截面梁等。

5. 实验原理

光弹性实验所使用的仪器为透射式光弹仪，由光源（有白色光源和单色光源）、一对偏振片、一对四分之一波片以及透镜、加力架和屏幕等组成，如图 2—10 所示。

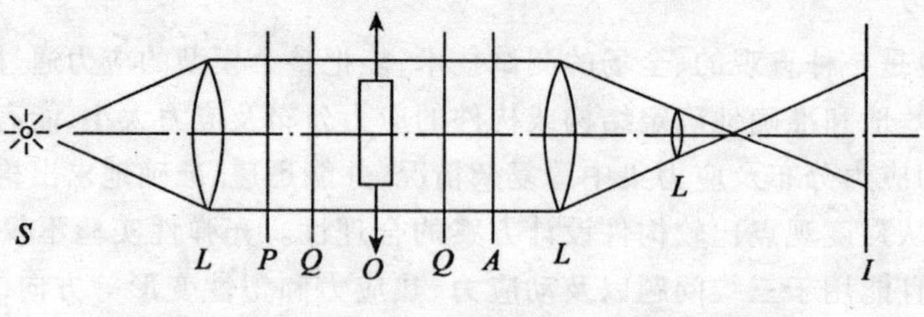

S—光源；L—透镜；P—起偏镜；Q—四分之一波片；
A—检偏镜；O—试件；I—屏幕

图 2—10 光弹仪装置简图

在光弹性实验中主要的是平面偏振装置，包括光源 S，偏振片 P 和 A，一块称为起偏镜，另一块称为检偏镜，如图 2—11 所示。当两块偏振片的偏振轴呈正交时，形成暗场；当两块偏振片的偏振轴呈平行时，则呈明场。

对于正交平面应力状态的光弹模型，厚度为 d，用平面偏振光 E_P 垂直照射模型，由于双折射效应，E_P 沿模型上任意一点 O 必将分解成两个平面偏振光 E_1 和 E_2，其振动方向分别

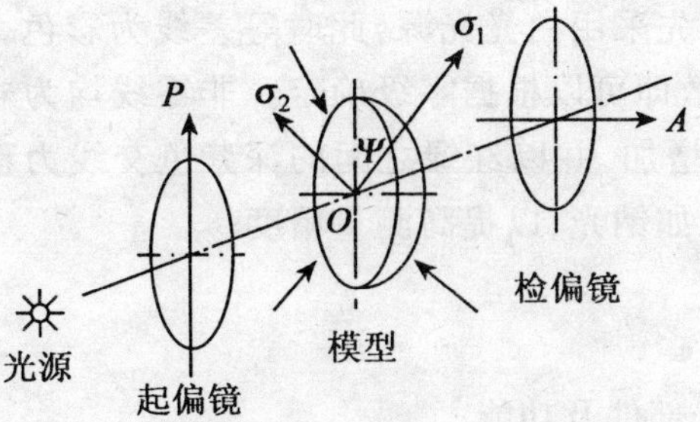

图 2—11　平面偏振光装置

与该点的两个主应力 σ_1 及 σ_2 的方向一致。这两列光在模型内的传播速度各不相同，就产生了光程差 R，该光程差与模型厚度 d 及主应力差 $(\sigma_1-\sigma_2)$ 成正比，即

$$R=cd(\sigma_1-\sigma_2) \tag{2—14}$$

其中：c 为比例系数，式(2—14)称为平面应力光学定律。

当光程差为光波波长 λ 的整数倍时，即

$$R=N\lambda,\ N=0,1,2,3,\cdots \tag{2—15}$$

将产生消光干涉，呈现暗点；同时满足光程差为同一整数倍波长的诸点，称为等差线。由以上两式可以得到

$$\sigma_1-\sigma_2=\frac{Nf}{d} \tag{2—16}$$

其中 $f=\dfrac{\lambda}{c}$ 称为材料条纹值。等差线上各点的主应力差相同，对于不同的 N 值，则有 0 级，1 级，2 级，3 级，……等差线。又因为在受力模型内各点的主应力方向是连续变化的，因而连成了黑线。该黑线是光弹性实验中获得的重要资料之一。

为了消除等倾线以便获得清晰的等差线图，在两偏振镜之间加入一对四分之一波片，以便形成正交圆偏振光场，具体位置如图 2—12 所示。

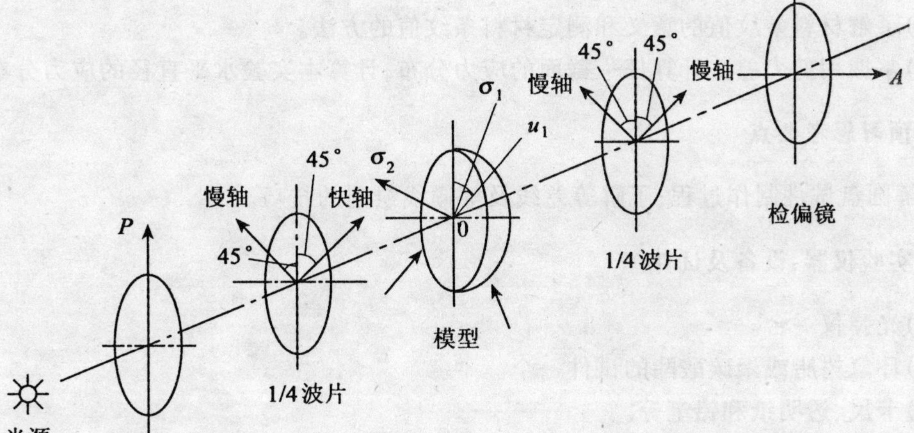

图 2—12　正交圆偏振光场布置简图

一般观测等差线时，首先采用白光光源，此时等差线为彩色，故亦称为等色线，当 $N=0$ 时呈现黑色。等差线的级数即可以根据零级确定。非零线均为彩色，色序按黄红绿次序指示着主应力差$(\sigma_1-\sigma_2)$的增加，并以红绿之间的深紫色交线为整数条纹，在具体描绘等差线图时，可以采用单色光源如钠光，以提高测量精度。

6. 实验步骤

(1)观察光弹仪的各个部件及功能。

(2)开启白光光源，反复观察平面偏振光场及光强变化情况，分析各光学元件的作用，调整偏振光场为平行光场及正交偏振光场。

(3)调整加载杠杆，安装试件，加载观察等差线和等倾线的形成(特别注意观察试件中应力分布的全貌，如应力集中区或控制截面等处的光学效应)。

(4)旋转偏振片$\left(\text{或}\frac{1}{4}\text{波片}\right)$观察暗场和明场。

(5)去掉$\frac{1}{4}$波片观察等倾线。

(6)关闭光源，取下模型，清理仪器、模型及有关工具。

7. 实验报告要求

(1)绘出光弹仪装置简图，简述主要光学元件的作用。

(2)简要说明仪器调整过程。

§2.7 对径受压圆盘的应力实验

1. 实验目的

(1)利用圆盘对径受压测定材料条纹值。

(2)了解材料条纹值的意义和测定材料条纹值的方法。

(3)掌握用剪力差法计算任一截面的应力分布，计算本实验水平直径的应力分布。

2. 预习思考要点

了解圆盘试件制作过程；了解等差线及等倾线绘制的技巧。

3. 实验仪器、设备及试件

(1)光弹仪一台。

(2)环氧树脂或聚碳酸酯的试件一个。

(3)卡尺、透明纸和铅笔等。

4. 实验原理

圆盘在对径压力作用下的应力分析，是一个较典型的平面应力问题。由于模型和荷载

是对称的，在水平直径上没有剪应力，在圆心处，根据弹性力学理论解有

$$\sigma_1 = \frac{2F}{\pi Dd}, \quad \sigma_2 = -\frac{6F}{\pi Dd} \tag{2—17}$$

故中心点为

$$\sigma_1 - \sigma_2 = \frac{8F}{\pi Dd} \tag{2—18}$$

$$f_0 = \frac{8F}{\pi Dd} \cdot \frac{d}{n} = \frac{8F}{\pi Dn} \quad 或 \quad f_0 = \frac{8F}{\pi D} \cdot \frac{\Delta F}{\Delta n} \tag{2—19}$$

式中：D——圆盘直径；

F——荷载；

n——条纹级数；

ΔF——荷载增量，即相邻两次加载差值；

Δn——每相邻两次加载对应的差值。

由于圆心处的边缘效应很小，用对径受压圆盘来测定材料条纹值精确度较高。

为了计算水平直径的应力可以采用剪应力差法，考虑到受力的对称性，只取一辅助截面如图 2—13 所示，将水平半径 OM 及辅助截面 AB 划为若干等分，由各分点测得的 n、θ 值，根据下列公式计算各分点的应力值。

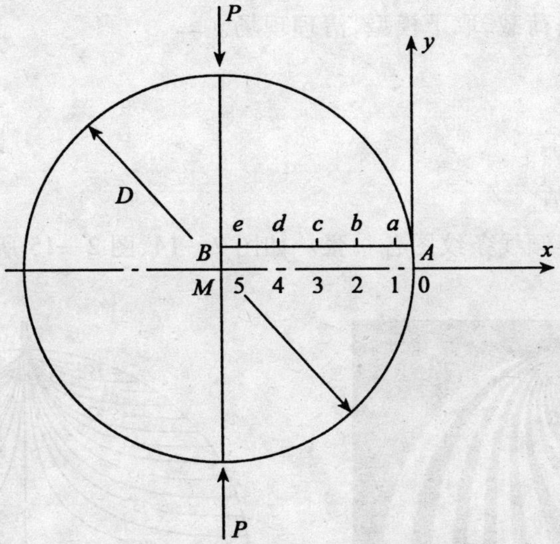

图 2—13　圆盘对径受压图

AB 截面的剪应力

$$\tau_{xyi} = \frac{1}{2} \cdot \frac{Nf}{b} \cdot \sin 2\theta \qquad i = a, b, c, \cdots \tag{2—20}$$

θ 为 x 轴与 σ_1 的夹角，并自 x 轴逆时针方向转到 σ_1 为正。

剪应力差

$$\Delta\tau_{xy} = 2\tau_{xy} \tag{2—21}$$

OM 截面的正应力

$$\sigma_{xj} = \sigma_{x0} - \sum_{a}^{e} \Delta\tau_{xyj} \cdot \frac{\Delta x}{\Delta y} \qquad j = 0,\ 1,\ 2,\ 3,\ 4,\ 5 \tag{2—22}$$

Δx,Δy 与坐标轴的正方向一致为正,σ_{x0}为边界应力值。

$$\sigma_{yi} = \sigma_{xj} - \frac{N_i f}{b} \cdot \cos 2\theta_j \tag{2—23}$$

5. 实验步骤

(1)首先绘出模型及计算截面相应分点,量测试件直径 D、厚度 d。

(2)绘制等色线:

① 开启白光光源、调整仪器为正交圆偏振光场。

② 将试件置于光弹仪加力架,进行加载,记录各次荷载 F 值。直至圆盘中心出现 3 ~ 4 级条纹为止,观察等差线的形成过程,数清条纹级数,记录各次荷载 F 值。

③ 利用单独旋转检偏镜方法逐点观测相应分点的等色线条纹级数,并记录。

(3)绘制等倾线:

① 去掉一对四分之一波片,调整仪器为平面偏振光场,开启白光光源。

② 同步反时针旋转偏振片,逐点观测截面上各点的等倾线度数,反复观察几遍,然后记录。

(4)将实验结果交指导教师检查。

(5)关闭光源,卸去荷载,取下模型,清理现场。

6. 实验报告

(1)实验目的与步骤。

(2)计算材料条纹值。

(3)绘出等差线、等倾线条纹图各一张。如图 2—14、图 2—15 所示。

图 2—14 对径受压圆盘等差线图

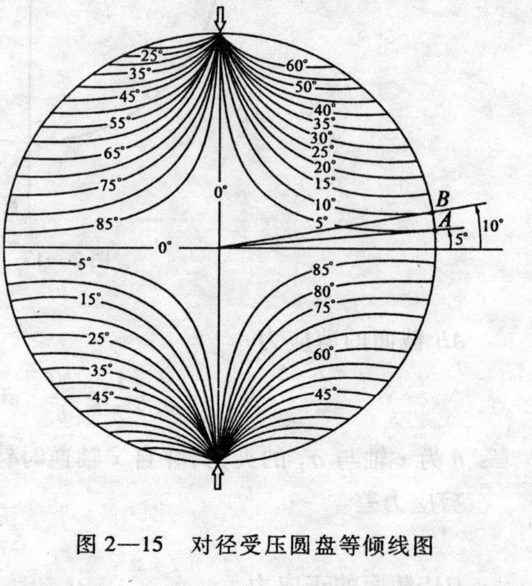

图 2—15 对径受压圆盘等倾线图

(4)用剪力差法计算截面的正应力。

(5)静力平衡校核。

内力的合力可以根据 s_y 曲线所包围的面积求得，近似为

$$F' = 2 \cdot d \cdot \Delta x \left| \frac{1}{2}\sigma_{y0} + \sigma_{y1} + \sigma_{y2} + \sigma_{y3} + \frac{1}{2}\sigma_{y4} \right| \tag{2—24}$$

与外力 F 比较误差为

$$\sigma = \frac{F' - F}{F} \times 100\% \tag{2—25}$$

§2.8　边界应力或应力集中系数测定实验

1. 实验目的

(1)掌握边界应力测定方法。

(2)学会判别较复杂的等差线条纹级数的方法。

(3)了解应力集中系数的确定。

2. 预习思考要点

平面应力模型的边界上只有沿边界切向的主应力，因此自由边界上各点的主应力差等于沿边界切向的主应力绝对值。鉴于由等差线图可以求得主应力差，确定自由边界上点的应力问题只剩下一确定边界上切向主应力的符号问题。我们要了解用钉压法判别边界主应力的符号。

3. 实验设备和仪器

(1)光弹仪。

(2)有孔的拉伸试件一个。

(3)游标卡尺。

4. 实验原理

如图 2—16(a)所示的带孔的拉伸试件加载后，圆孔附近有应力集中现象，其最大应力发生在孔边 A、B 两点处，如图 2—16(b)所示。

设 AB 截面上的平均应力为 S_0，则理论应力集中系数 $\lambda = \sigma_{max}/\sigma_0$，其中 σ_{max} 由该拉伸试样的等差线条纹图(见图 2—16(c))中求出。令试样厚度为 t，宽度为 b，小孔直径为 d。在荷载的作用下，孔边 A 的条纹 $n_{max} = 4$，则该试样的应力集中系数为($\sigma_A = \sigma_{max} = \sigma_1, \sigma_2 = 0$)

$a = \dfrac{\sigma_{max}}{\sigma_0} = \dfrac{n_{max} f(b-d)}{F}$，利用钉压法，可以判断 σ_{max} 的符号。试件在加工时应无加工应力，否则会影响实验精度。

5. 实验步骤

(1)量测试件的孔径 d、厚度 t 和宽度 b。

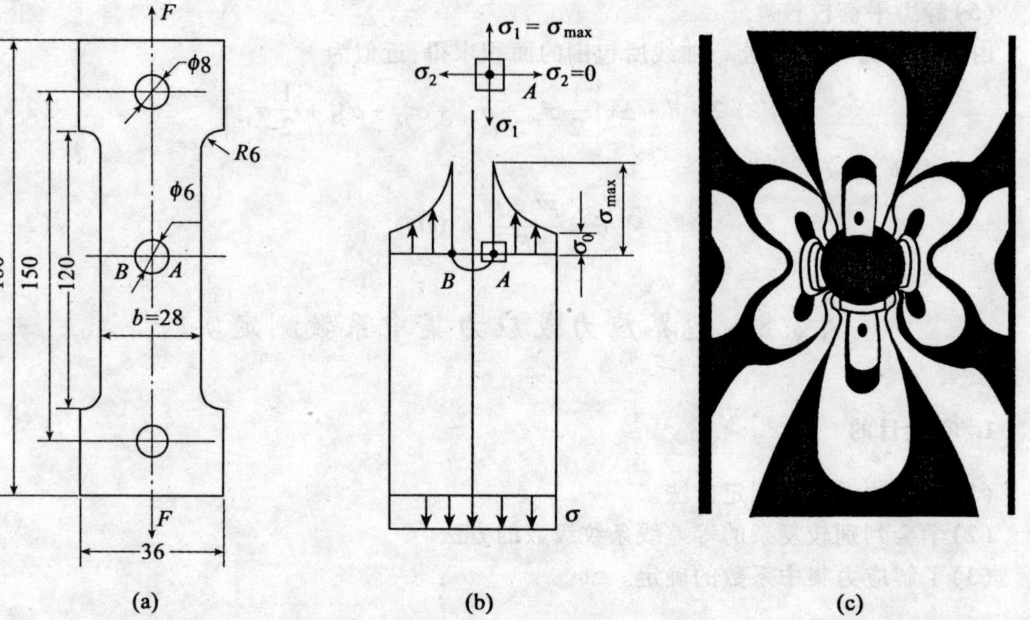

图 2—16 带孔拉伸试样及其等差线条纹图

(2)调整仪器为圆偏振光场。

(3)安装试件并加载。

(4)绘等差线图。

(5)确定均匀应力段等差线级数并计算材料条纹值 f_0(或模型条纹值 F)。

(6)用钉压法判定孔边 A、B 两点边缘应力的拉压性质。

(7)计算应力集中数值和应力集中系数。

(8)关闭光源、卸下荷载、取下试样、清理现场、实验仪器复原。

6. 实验报告要求

(1)简述实验名称、实验目的和实验仪器等。

(2)概述判断复杂等差线条纹图案级别的方法。

(3)计算出应力集中系数,绘出试件等差线条纹图,并注明条纹级次。

(4)分析实验误差及其原因。

§2.9 全息干涉法测量悬臂梁的挠度实验

全息干涉法就是利用全息照相技术获得物体变形前后的光波波前相互干涉所产生的干涉条纹图,用以分析物体变形的一种干涉计量技术。该方法是一种非接触式的全场检测方法,对于静态荷载、动态荷载、高温、高压等条件都无严格限制,具有较高的灵敏度和精度。可以用于结构位移测量和应力应变分析。总之全息干涉法是全息照相技术最有成效的应用领域之一。

全息照相和普通照相的主要差别是，全息照相在底片上记录了光波的振幅和相位两方面的信息，在底片上记录的是物体反射光波波前所形成的极其复杂的网状光栅，而不是物体像本身；普通照相是在底片上只记录了来自物体反射光波的振幅信息，即光强信息，通过成像镜头在底片上形成物体的平面像。

全息照相分为两步：首先是记录全息图；其后用光照射全息图，再现出全息像。下面分别介绍。如图 2—17 所示，将激光器发出的光用分光镜分为两束光，一束光照射到物体上并反射到全息底片上，这束光称为物光。另一束光则直接照射到全息底片上，称为参考光。由于激光相干性很好，这两束光汇集到底片上会产生干涉，形成全息图。将全息底片显影后放回原位，再用参考光照射全息图，如图 2—18 所示。此时全息图起到一个衍射光栅的作用，使参考光发生衍射。通过全息图内每一条亮线的光波，除大部分沿原方向传播外，还在与零级衍射光波方向成夹角为 ±0°的方向产生正、负一级衍射光波。沿这个方向观察全息图就会看见原始物像（三维像），这一过程称为物光波再现，可以用以下简单表达式来分析。

设投射到全息底片上某一点上的物光和参考光（用脚码 0 代表物光，用脚码 r 代表参考光）分别为

$$A_0 = a_0 e^{i\varphi_1}$$
$$A_r = a_r e^{i\varphi_2}$$

这一点的光强是两光束之和 $(A_r + A_0)$ 与其共轭系数 $(A_r + A_0)^*$ 的乘积，即

$$\begin{aligned} I &= (A_r + A_0)(A_r + A_0)^* \\ &= A_r A_r^* + A_0 A_0^* + A_0 A_r^* + A_r A_0^* \\ &= I_r + I_0 + A_0 A_r^* + A_r A_0^* \end{aligned} \tag{2—26}$$

式中：I_r、I_0——分别是参考光和物光的光强。

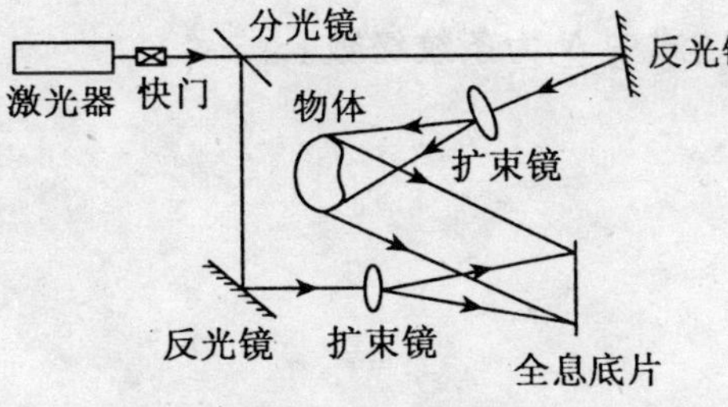

图 2—17 全息照相物光示意图

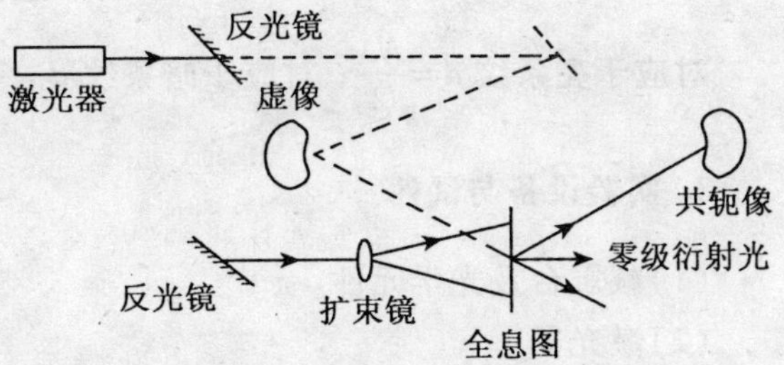

图 2—18 全息照相参考光示意图

设曝光的时间为 t，则底片上接收的日光量为 $E = It$。全息图的振幅透射率 T 与 E 有关。若曝光量适度，可以近似地认为是线性关系，即

$$T = \alpha E = \alpha It$$

式中 α 为常数。当只用参考光波照射全息图时，从全息底片透射出来的光波为

$$A_r T = \alpha t A_r I = \alpha t [A_r \{(I_r + I_0) + A_r^* A_0 + A_r A_0^*\}] \tag{2—27}$$

由式(2—27)可知，第一项代表透过全息底片未发生偏离的参考光波，不带物光光波信息；第二项为原始物光波的再现，其性质与原物光波相同，故沿这个方向可以观察到原物体

的像;第三项代表与第二项成共轭的光波,即形成实像。

全息照相的记录和再现是利用光的干涉和衍射效应进行的。因此,全息照相要求光源满足干涉和衍射所必须具备的相干特性。为使物光和参考光产生干涉,两束光必须来自同一光源,空间相干性和输出功率上都能满足全息照相对光源的要求,激光光源是最为理想的光源。记录材料采用高分辨率的全息干板。全息照相系统的光学元件主要有分光镜、反光镜和扩束镜等。它们都必须安置于隔震效果良好的隔震台上。这是因为:如果在全息照相过程中当感光底片曝光时,外界振动或冲击扰动都会引起光程差的变化,从而使干涉条纹模糊混叠,导致全息照相失败。

1. 实验目的

(1)初步掌握全息照相技术。

(2)用双曝光法检测梁的挠度(端部受集中力),并与理论计算值进行比较。

2. 实验原理与方法

利用全息照相原理,拍摄物体在变形前、后的全息图,即记录物体的变形信息于全息底片上,再照射全息底片即产生干涉条纹,由条纹级数计算物体的位移。

假定物体的位移为 d,则全息图的再现光强为

$$I = K\cos\frac{2I}{2}[kd(\cos\theta_1 + \cos\theta_2)] \tag{2—28}$$

式中:K——与振幅有关的常数;$k = \frac{2\pi}{\lambda}$为波数。

当照明方向与观察方向重合且与梁表面的法线方向一致时,式(2—28)即为

$$I = K\cos^2 kd \tag{2—29}$$

对应于亮条纹 $d = \frac{N\lambda}{2}$; 对应于暗条纹 $d = \frac{2N+1}{4}\lambda$,式中 N 为条纹级数。

3. 实验设备与试件

(1)减震台及光学元件。

(2)激光器。

(3)全息照相底片。

(4)加载装置。

(5)矩形截面梁一根。

(6)暗室及冲洗设备。

模型的加载方式如图 2—19 所示,用台钳将梁的一端夹紧形成固定端,自由端用砝码或螺钉加力均可。

4. 实验步骤

(1)布置光路,应使物光与参考光程基本相等,使照明方向、观察方向与梁的挠度方向一致,物光与参考光在全息底片上的夹角约 20°左右为宜,两者的光强比大致为 1:4。

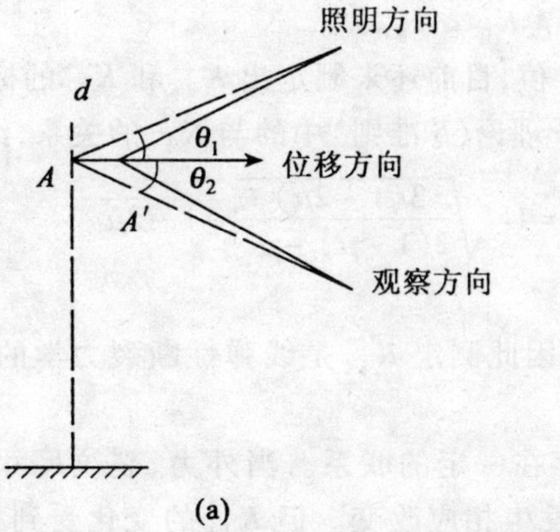

图 2—19　全息干涉实验光路布置图

(2)采用两次曝光法拍全息图,即对梁受载前曝光一次,然后将底片冲洗处理。

(3)翻拍复制条纹图。将全息底片用激光再现,拍摄梁的变形图照片,用于计算分析。

5. 实验报告要求

(1)简述实验目的与实验过程。

(2)复制梁的变形干涉条纹图照片。

(3)根据条纹计算梁的挠度并与理论计算值进行比较。

§2.10　平面应变断裂韧性 K_{IC} 的测定

1. 实验目的

(1)测定金属材料的平面应变断裂韧性 K_{IC}。

(2)掌握 K_{IC} 的测定方法。

2. 预习思考要点

线弹性体的裂纹尖端部位的应力、应变场强度可以由应力强度因子 K_{I} 来描述。当 K_{I} 值达到某一临界值时,裂纹即要向前扩展。可见该临界值的大小反映了材料抵抗裂纹扩展的能力,该临界值是裂纹的扩展阻力。相关实验表明,裂纹的扩展阻力除了与裂纹体的材料有关,还与裂纹尖端部位的应力状态有关。当裂纹尖端附近处于三向拉应力的平面应变状态时,这个阻力达到一个下限值,而该下限就称为材料的平面应变断裂韧性 K_{IC}。实验还表明,只要试件满足小范围屈服和平面应变的条件,所测得的 K_{IC} 就将是一个与试样的几何形状无关的材料常数。

对于线弹性材料的构件,在含有Ⅰ型裂纹时,构件不发生脆性断裂的 K 准则为

$$K_{\mathrm{I}} < K_{IC} \tag{2—30}$$

同样对于Ⅱ型和Ⅲ型裂纹仿照式(2—30)可以建立相应的 K 准则,即

$$K_{\mathrm{II}} < K_{\mathrm{II}C} \tag{2—31}$$

$$K_{\mathrm{III}} < K_{\mathrm{III}C} \tag{2—32}$$

$K_{\mathrm{II}C}$和$K_{\mathrm{III}C}$分别为K_{II}和K_{III}的临界值，目前还未制定出$K_{\mathrm{II}C}$和$K_{\mathrm{III}C}$的标准测定方法。那么$K_{\mathrm{II}C}$和$K_{\mathrm{III}C}$可以按照应变能密度因子理论（S准则）中的与$K_{\mathrm{I}C}$的关系，给出

$$K_{\mathrm{I}C}:K_{\mathrm{II}C}:K_{\mathrm{III}C}=1:\sqrt{\frac{3(1-2\mu)}{2(1-\mu)-\mu^2}}:\sqrt{1-2\mu} \tag{2—33}$$

式中：μ——材料泊松比。

在复合型断裂判据中也要用$K_{\mathrm{I}C}$，因此测定$K_{\mathrm{I}C}$是线弹性断裂力学的最重要的任务之一。

K_{I}和$K_{\mathrm{I}C}$本质上完全不同，但又存在一定的联系。当外力、裂纹尺寸和构件的几何形状等任一条件发生变化时，都会使K_{I}发生相应改变。但$K_{\mathrm{I}C}$的变化受到材料性能的限制，当K_{I}增加到某一临界值时，裂纹就会扩展而引起脆断。这个临界值代表材料抗脆断的能力，就是材料的断裂韧性$K_{\mathrm{I}C}$。所以K_{I}的变化受到材料性能$K_{\mathrm{I}C}$的限制，而$K_{\mathrm{I}C}$的大小又可以利用K_{I}的临界值的计算来确定，$K_{\mathrm{I}C}$的测试正是按照这一原理来进行的。

平面应变断裂韧度$K_{\mathrm{I}C}$的测试必须按相关规范进行，很多国家都已制定测试$K_{\mathrm{I}C}$的国家标准，其中最著名的有美国的 ASTME399—83《金属材料平面断裂韧度$K_{\mathrm{I}C}$试验方法》。我国制定的规范《金属材料平面应变断裂韧度$K_{\mathrm{I}C}$试验方法》作为国家标准 GB4161—84 于 1984 年颁布，各国规范可能在细节上有些差异，但测试原理、方法、规定的程序和条件是一致的。

在我国，GB4161—84 为测试$K_{\mathrm{I}C}$的依据，这样可以保证在不同的实验室里都按相同的条件来测定这个材料性质。GB4161—84《金属材料平面应变断裂韧度$K_{\mathrm{I}C}$试验方法》中规定的标准试样为三点弯曲试样和紧凑拉伸试样。

3. 实验仪器、设备和装置

(1)仪器和设备：

①万能材料试验机。

②信号放大器。

③载荷传感器。

④X—Y 函数记录仪。

⑤夹式引伸计。

⑥精密量具(游标卡尺和工具显微镜)。

⑦高频疲劳试验机。

⑧动态应变仪。

⑨线切割机。

(2)实验装置，如图 2—20 所示。

4. 实验试样

材料：45 号钢，热处理工艺：840℃加热 15min，盐水淬 14s 后油冷，360℃回火 28min。

形式：采用标准三点弯曲试样，如图 2—21 所示，且有 $W=2B, S=4W$。

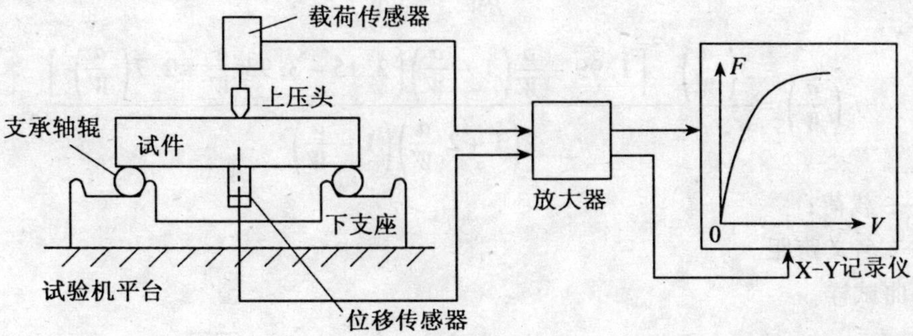

图 2—20　用三点弯曲试样测定 K_{1C} 的试验装置

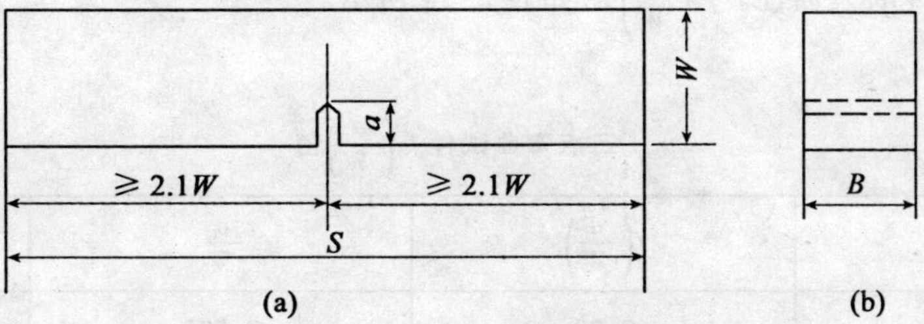

图 2—21　三点弯曲试样

引发裂纹的切口可以采用线切割加工，其宽度一般为 0.12mm。切口端部的疲劳裂纹可以在高频拉伸疲劳试验机上预制，长度一般为 3～5mm（>1.3mm）。如表 2—3 所示。

表 2—3　推荐使用的试件厚度

σ_s/E	B/mm	σ_s/E	B/mm
0.0050～0.0057	75	0.0071～0.0075	32
0.0057～0.0062	63	0.0075～0.0080	25
0.0062～0.0065	50	0.0080～0.0085	20
0.0065～0.0068	44	0.0085～0.0100	12.5
0.0068～0.0071	38	=0.0100	6.5

5. 实验原理

(1)计算公式

用于测试 K_{IC} 的标准试件主要是三点弯曲试样，国家标准 GB4161—84 中规定的三点弯曲拉伸试件 K_I 的计算公式为

$$K_I=\frac{FS}{BW^{3/2}}f\left(\frac{a}{W}\right) \tag{2—34}$$

其中
$$f\left(\frac{a}{W}\right)=\frac{3\left(\frac{a}{W}\right)^{1/2}\left[1.99-\frac{a}{W}\left(1-\frac{a}{W}\right)\left(2.15-3.93\frac{a}{W}+2.7\left(\frac{a}{W}\right)^2\right)\right]}{2\left(1+2\frac{a}{W}\right)\left(1-\frac{a}{W}\right)^{3/2}} \tag{2—35}$$

式中：F——载荷；

S——名义跨距。

或三点弯曲试样

$$K_q=\frac{F_qS}{BW^{3/2}}f\left(\frac{a}{W}\right) \tag{2—36}$$

式中：F_q——临界荷载；

K_q——条件断裂韧性。$f\left(\frac{a}{W}\right)$值如表 2—4 所示。

表 2—4 三点弯曲试件$f\left(\frac{a}{W}\right)$值

$\frac{a}{W}$	$f\left(\frac{a}{W}\right)$	$\frac{a}{W}$	$f\left(\frac{a}{W}\right)$
0.450	2.29	0.505	2.70
0.455	2.32	0.510	2.75
0.460	2.35	0.515	2.79
0.465	2.39	0.520	2.84
0.470	2.43	0.525	2.89
0.475	2.46	0.530	2.94
0.485	2.54	0.540	3.04
0.490	2.58	0.545	3.09
0.495	2.62	0.550	3.14
0.500	2.66		

这里

$$f\left(\frac{a}{W}\right)=\left[7.51+3.00\left(\frac{a}{W}-0.50\right)^2\right]\sec\left(\frac{\pi a}{2W}\right)\left(\tan\frac{\pi a}{2W}\right)^{\frac{1}{2}} \tag{2—37}$$

(2)试样尺寸要求

要正确测出平面应变断裂韧度 K_{IC}，要求试样的厚度 B、裂纹长度 a 应满足一定的尺寸条件。

① 平面应变条件对试样厚度 B 的要求，很多实验表明，试样表面平面应力状态对断裂(裂纹扩展)性态的影响，表现为断口的拉边或剪切唇的宽度，对同一种材料来说，这个宽度基本上是不变的。例如对 $\sigma_{0.2}=1700\text{MPa}$ 级的高强度钢试样，厚度 B 从 5mm 增加到 16mm 时，剪切唇的宽度总保持在 1mm 左右，这也意味着，随着试样厚度增加，平面应变的应力状态的区域在断口上占的比例就增加。多大的厚度尺寸 B 才能保证试样满足测试要求的平面应变条件，目前从理论上精确计算是困难的，主要依据大量实验的归纳。GB4161—84 推荐满足平面应变条件的试样厚度为

$$B \geqslant 2.5\left(\frac{K_{\text{IC}}}{\sigma_s}\right)^2 \tag{2—38}$$

② 小范围屈服条件对裂纹长度 a 的要求，小范围屈服条件下存在的塑性区以外的弹性应力场强度，可以近似用 K_{I} 表示。

$$a \geqslant 2.5\left(\frac{K_{\text{IC}}}{\sigma_s}\right)^2 \tag{2—39}$$

才能保证线弹性或小范围屈服条件成立。

式(2—38)和式(2—39)是表示标准实验方法对试样尺寸的要求，这些条件中的 K_{IC} 值是测定之后的有效值，在测定之前选择试样尺寸时是不确切知道的，关于这一点在后面还会讨论。

应当注意韧带尺寸($W-a$)也对测试结果有影响，因为韧带尺寸太小，会使裂纹顶端塑性变形的阻力显著减小，而导致偏低的测定结果。因此，在选定试样尺寸时，建议考虑韧带尺寸

$$W-a \geqslant 2.5\left(\frac{K_{\text{IC}}}{\sigma_s}\right)^2 \tag{2—40}$$

这样，裂纹尺寸 a 大致为试样宽度 W 的一半，同时要求

$$S:W:B=8:2:1 \tag{2—41}$$

(3) 实验有效性的判断

1) 条件荷载 F_q 的确定

实验中所得的 $F—V$ 曲线一般有如图 2—22 所示的三种类型。条件载荷 F_q 的确定方法是：过原点 O 作一条比 $F—V$ 曲线的线性段(即直线 OA)斜率低 5% 的割线，与 $F—V$ 曲线交点为 F_S。如果在交点 F_S 以前，$F—V$ 曲线上所有点的荷载都低于 F_S(见图 2—22Ⅲ)，则取 $F_q=F_S$；如果在交点 F_S 以前，还存在有载荷大于 F_S 的点，则取其中最高点的载荷为 F_q(见图 2—22Ⅰ或图 2—22Ⅱ)。

下面论述如此处理的依据。

假如在加载过程中，裂纹既没有扩展，基端部也没有发生塑性变形，那么 $F—V$ 曲线就是一条直线。但是如果裂纹扩展了，或裂尖处出现了塑性变形，则 $F-V$ 曲线就将发生非线性偏离。如果能够扣除塑性区所带来的使 $F—V$ 曲线斜率的改变，那么就能够从 $F—V$ 曲线斜率的变化来判断裂纹是否开始扩展，平面应变断裂中裂尖塑性区的最大尺寸为

$$R_y=2r_y=\frac{1}{3\pi}\left(\frac{K_{\text{IC}}}{\sigma_s}\right)^2 \tag{2—42}$$

塑性区的出现，相当于裂纹等效扩展了一个长度 $\Delta a=r_y$。为了排除裂纹实际长度的影响，

可以引入裂纹的相对等效扩展量$\frac{\Delta a}{a}$的概念。根据相关规范的规定，试样的裂纹长度满足$a \geqslant 2.5\left(\frac{K_{IC}}{\sigma_S}\right)^2$，因此裂纹的最大相对等效扩展量是

$$\frac{\Delta a}{a}=\frac{r_y}{a}=\frac{\frac{1}{6\pi}\left(\frac{K_{IC}}{\sigma_S}\right)^2}{2.5\left(\frac{K_{IC}}{\sigma_S}\right)^2}=2\% \tag{2—43}$$

这也是塑性区对 $F—V$ 曲线斜率可能造成的最大干扰作用。

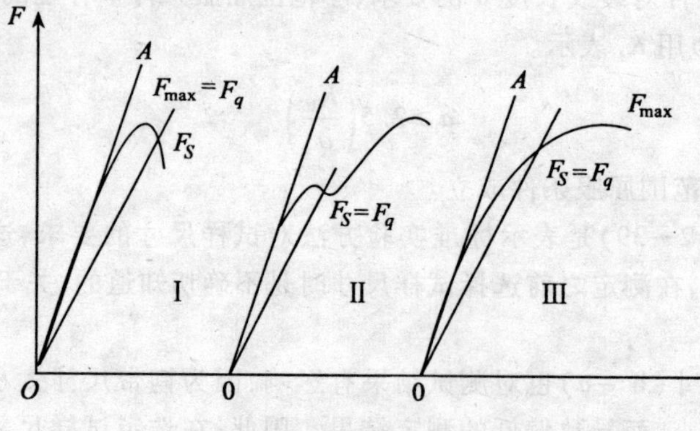

图 2—22　$F—V$ 曲线的三种基本类型

如果不考虑塑性区的影响，则 V 只是 a 的函数

$$V=\frac{F}{EB}f\left(\frac{a}{W}\right) \tag{2—44}$$

其中 E 为弹性模量，B 和 W 分别为试样的厚度和宽度。式(2—44)可以写为无量纲形式

$$\frac{BEV}{P}=f\left(\frac{a}{W}\right) \tag{2—45}$$

微分上式，并除以 V，化简得

$$\frac{dV}{V}=\frac{f'\left(\frac{a}{W}\right)}{f\left(\frac{a}{W}\right)}d\left(\frac{a}{W}\right)=\frac{f'\left(\frac{a}{W}\right)}{f\left(\frac{a}{W}\right)}\frac{a}{W}\frac{da}{a}$$

其中

$$H=\frac{a}{W}\frac{f'\left(\frac{a}{W}\right)}{f\left(\frac{a}{W}\right)}$$

则

$$\frac{dV}{V}=H\frac{da}{a} \tag{2—46}$$

称为标定因子。对于$f\left(\frac{a}{W}\right)=0.5$的三点弯曲试样，$H\sim 2.5$。

设有两个裂纹长度相近而其他条件完全相同的试样，裂纹长度分别为 a 和 $a+da$。因

为裂纹长度不同，所以实验测得的 $F—V$ 曲线也不相同，设在一个 F 值下两个试样的位移分别为 V 和 $V+\mathrm{d}V$，则它们的 $F—V$ 曲线斜率分别为

$$m_1=\frac{F}{V},\ m_2=\frac{F}{V+\mathrm{d}V} \tag{2—47}$$

其斜率的比值

$$\frac{m_2}{m_1}=\frac{V}{V+\mathrm{d}V}=\frac{1}{1+\dfrac{\mathrm{d}V}{V}}=\frac{1}{1+H\dfrac{\mathrm{d}a}{a}} \tag{2—48}$$

若取 $\frac{\Delta a}{a}=2\%$，则有

$$\frac{m_2}{m_1}=\frac{1}{1+2.5\times 0.02}=95\%$$

设想裂纹长度为 $a+\mathrm{d}a$ 的试样是由于裂纹长度为 a 的试样中塑性区造成的，那就意味着 2% 的相对等效扩展量的塑性区的存在，使 $F—V$ 曲线的斜率下降了 5%。所以对于图 2—22 中的Ⅲ曲线，F_S 即为裂纹的起始扩展点。K_q 即为 K_{IC}；而对图 2—22 中Ⅰ、Ⅱ曲线，因曲线在 F_S 之前已有明显的裂纹失稳扩展或突进点，故应取最大值点为 F_q。

2）有效性判断

按上述方法得到的 K_q 是否就是 K_{IC}，尚需经过验证。检验的判据有两个：

①几何判据

$$\left.\begin{array}{l}a\\ W-a\\ B\end{array}\right\}\geqslant 2.5\left(\frac{K_q}{\sigma_S}\right)^2 \tag{2—49}$$

②载荷比判据

$$\frac{F_{\max}}{F_q}\leqslant 1.1 \tag{2—50}$$

其中 $F_{\max}$ 为 $F—V$ 曲线上 F_q 以前的最大载荷。

判据①是由实验对试样几何尺寸的要求得来的，因为此时还不知道 K_{IC}，所以用 F_q 代替。判据②则是为了避免 F_q 在偏离真实的裂纹起裂时的临界载荷太远处盲目取值。判据②能够保证按照条件载荷 F_q 得到的 K_q 与真实的 K_{IC} 之间的误差不超过 10%。

若所得到的 K_q 满足以上两个判据，则 K_q 就是平面应变断裂韧性 K_{IC}。否则就必须加大试样尺寸而重新做实验。新试样的尺寸至少应为原试样的 1.5 倍。

6. 实验步骤

（1）裂纹的预制，在试样外形加工完成之后，要求在试样上预制 $\frac{a}{W}\approx 0.5$ 的裂纹，裂纹开始部分可以用机械铣削或刀线切割机切制一个切口，然后，在切口的顶端用疲劳试验机预制一段疲劳裂纹，其长度应大于或等于 0.025W，或应大于或等于 1.3mm，取其中较大者，在预制疲劳裂纹时对裂纹所施加的最大应力强度因子，在开始阶段 $K_{f\max}$ 应小于或等于 K_{IC} 的 80%；当裂纹扩展到裂纹总长度最后的 2.5% 以内时，要求 $K_{f\max}$ 小于或等于 K_{IC} 的 60%。

（2）粘贴刀口，在试样加工完成之后应在裂纹口两边粘贴一对刀口，用于安装位移计。

(3)测量尺寸,实验前用卡尺在裂纹附近,测量 B 和 W,各量 3 次取平均值。

(4)安装试样,把带有引伸计的试样安放在支座上,使加力点对准裂纹。并预调平衡。

(5)将载荷传感器和夹式引伸仪分别接到应变仪上,连接信号放大仪,再分别接到 X—Y 记录仪的载荷和位移接柱上。

(6)精心选择 X—Y 记录仪的量程,要使初始弹性部分直线的斜率在 0.7～1.5 之间,并使变形大小适中。量程选定后,对载荷传感器和引伸仪进行标定。

(7)选择好加载速率,使 K_{I} 增加的速率为 1000～2000MPa · $\sqrt{m}$/min,若估算试样的 K_{IC} 值约 2500 MPa · $\sqrt{m}$,则可以在 0.5～2.5min 内加载到断裂。

(8)开机加载,加载速率要均匀,直到断裂。

(9)在曲线上标出初始载荷和断裂载荷。

(10)记录实验温度和断口外貌。

(11)测量裂纹尺寸,将断口沿 B 方向 4 等分用显微镜测量 a_1、a_2、a_3、a_4、a_5。如图2—23 所示。

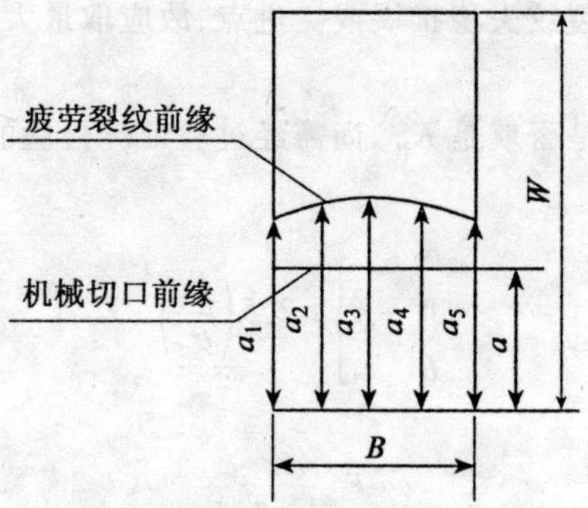

图 2—23　裂纹长度的测量

7. 实验结果处理

(1)裂纹尺寸的选取。

裂纹尺寸按图 2—23 取

$$a = \frac{a_2 + a_3 + a_4}{3} \tag{2—51}$$

(2)按规定在 F—V 曲线上确定 F_q。

(3)计算 K_q。

按式(2—36)计算

$$K_q = \frac{F_q S}{B W^{\frac{3}{2}}} f\left(\frac{a}{W}\right)$$

(4)实验有效性检验。

实验结果必须满足下述要求:

①
$$B \geqslant 2.5\left(\frac{K_q}{\sigma_S}\right)^2$$

$$W - a \geqslant 2.5\left(\frac{K_q}{\sigma_S}\right)^2$$

$$a \geqslant 2.5\left(\frac{K_q}{\sigma_S}\right)^2$$

②
$$\frac{F_{max}}{F_q} \leqslant 1.10$$

③ $|a_2 - a_3|$，$|a_3 - a_4|$，$|a_4 - a_2|$均不得大于 $0.05a$；a_1、a_5 不得小于 $0.9a$。

上述条件中若有一项不满足则实验无效。当上述条件全部满足时，K_q 即为材料的平面应变断裂韧性 K_{IC}。

第3章　材料力学实验常用仪器、设备简介

§3.1　液压式万能材料试验机

1. 概述

液压式万能材料试验机也曾称为油压摆锤式万能材料试验机，该机是通过液体压力给试样加载，通过摆锤的偏转测定载荷的大小。这种试验机一般带有拉伸、压缩、剪切、弯曲等实验所用附件，故称之为万能材料试验机。

2. 构造原理

各种液压式万能材料试验机外观不尽相同，但其构造原理基本一致。该机的构造原理如图3—1所示，其中国产WE系列试验机的外观如图3—2所示。可以把这种试验机分为两大部分。

(1)加载部分

如图3—1所示，在试验机底座(22)上，装有两根固定立柱(26)，它们支承着固定横梁(30)和工作油缸(31)。开启电机(11)后，油泵(12)将油箱(14)中的油通过送油阀(16)、经送油管(1)送入工作油缸，从而推动工作活塞(32)、上横梁(33)、活动立柱(29)及活动平台(27)一同上升。若将试样两端夹持在上夹头(20)与下夹头(21)之间，就可以做拉伸实验；若将试样置于活动平台的下压板(19)上，便可以做压缩实验；若将试样水平旋置于活动平台两端的弯曲支座(28)上，即可以做弯曲实验；若将剪切附件及试样安装在试验机上，还可以做剪切实验。

送油阀用于控制进入工作油缸中的油量，以便调节对试样加载的速度。回油阀(15)的作用是使试样卸载(加载时，回油阀关闭)。当打开该阀时，工作油缸中的油液经回油管(2)泄回油箱，活动平台由于自重作用而下降，回到原始位置。

下夹头调位电机(25)可以用来转动蜗轮(24)，使蜗杆(23)带动下夹头上、下移动以调节试件拉伸空间。务必注意：试样已经夹紧或受力时，不能再开该电机(25)，否则将造成下夹头对试样加载，以致损坏该电机。

(2)测力部分

① 测力机构。由于加载时回油阀是关闭的，因此压力油进入测力油缸(10)中使测力活塞(13)向下移动，拉杆(9)随之下移而将摆杆(7)抬起，推杆(5)便推动齿杆(4)向右移动，使小齿轮(17)及固定在小齿轮上的示力指针(3)同时旋转，示力度盘(34)上便指示出所加载荷的大小。

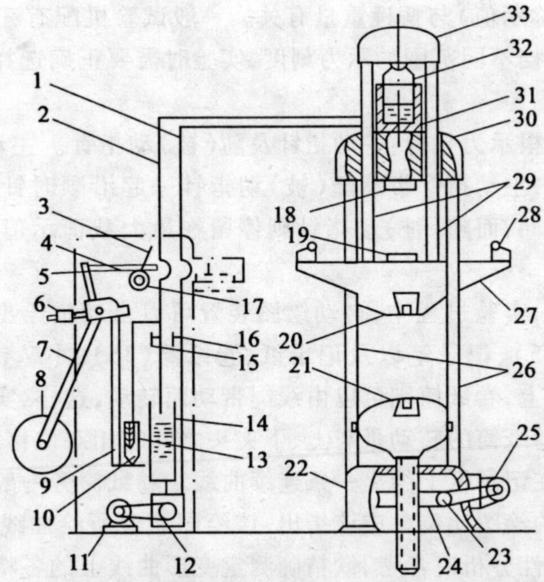

1—送油管；2—回油管；3—示力指针；4—齿杆；5—推杆；6—平衡铊；7—摆杆；8—摆锤；9—拉杆；10—测力油缸；11—电机；12—油泵；13—测力活塞；14—油箱；15—回油阀；16—送油阀；17—小齿轮；18—上压板；19—下压板；20—上夹头；21—下夹头；22—底座；23—蜗杆；24—蜗轮；25—下夹头调位电机；26—固定立柱；27—活动平台；28—弯曲支座；29—活动立柱；30—固定横梁；31—工作油缸；32—工作活塞；33—上横梁

图 3—1　液压式万能试验机原理示意图

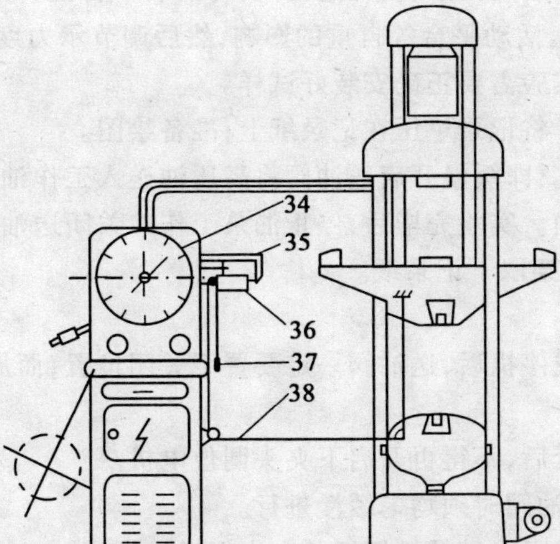

34—示力度盘；35—记录笔架；36—卷纸筒；37—小坠铊；38—线绳

图 3—2　液压式万能试验机外观图

如果变更摆锤(8)的重量,示力指针转动同一角度所需油压是不同的,即指针在同一位置所示出的载荷值(简称示值)与摆锤重量有关。一般试验机配有三个不同重量的摆捶,示力度盘上相应地具有三档不同范围的示力刻度,实验时需要正确选择示力度盘,并配以相应的摆捶。

在示力度盘上有两根示力指针:主动指针及随(被)动指针。主动指针即与小齿轮固结的那一根。加载过程中,主动指针带动随(被)动指针一起沿顺时针方向转动;卸载或试样断裂时主动指针立即返回,而随(被)动指针则停留在最大载荷示值处,以便能够准确读出数值。

② 自动绘图装置。实验过程中,自动绘图装置可以自动描绘出 $F—\Delta L$ 曲线图。自动绘图装置由记录笔架(35)、记录笔以及记录纸、卷纸筒(36)、小坠铊(37)、线绳(38)等构成。记录笔架装在齿杆上,卷纸筒则可以由线绳带动而转动,这样,实验时,笔架的移动量与试样所受载荷成比例,卷纸筒的转动量与上、下夹头之间的相对位移成比例。记录笔与卷纸筒一起动作,记录笔便在记录纸上绘出一条连续曲线。卷纸筒旁一般具有 2 ~3 道不同直径的线槽,用来选择不同的绘图比例。应该指出,该绘图装置所绘曲线的精确度是不够高的,仅用于作变形曲线的定性分析时参考,欲精确测定变形曲线上的各特征点,还需配合其他更为精密的绘图仪和传感器,如 X—Y 函数记录仪、力传感器和位移传感器等。

3. 操作规程及注意事项

(1)操作规程

① 选用示力度盘及摆锤。根据实验要求,要预先估算出实验时的最大载荷(即最终载荷)以便合理选择相应的示力度盘和摆锤,并调整好缓冲阀位置。

② 装好绘图装置。选择合适的绘图比例,将记录笔装在笔架上,记录纸卷于卷纸筒上。

③ 调节指针对零。启动油泵,打开送油阀,将活动平台上升 10mm 左右,以便消除活动立柱、工作活塞、上横梁、活动平台等自重的影响,然后调节示力度指针对零。

④ 安装试样。按实验需要正确安装好试样。

⑤ 放下记录笔架。将记录笔压在记录纸上,准备绘图。

⑥ 缓慢、均匀加载。即缓慢开启送油阀将高压油送入工作油缸。

⑦ 卸载、停机、回油。实验完毕后,停止油泵工作并关闭送油阀。开启回油阀使油泄回油箱,取下试样,抬起笔架取下记录纸。

(2)注意事项

① 试验机开机前或停机后,送油阀一定要置于关闭位置,而加载过程中,回油阀一定要置于关闭位置。

② 当拉伸试样夹紧后,不得再开启下夹头调位电机。

③ 操作送油阀、回油阀时须均匀缓慢进行。

④ 实验过程中不得阻碍试验机摆锤的自由摆动。

⑤ 实验过程中若有异常现象或噪音时应立即停机。

§3.2 电子式万能材料试验机

电子式万能材料试验机是采用电子技术(或电子计算机)控制的万能材料试验机。近年来先后发展了四种不同的控制方式:一种是采用松下电机及控制器只能实现等速模拟控制的电子式万能材料试验机;第二种是采用单片机组成测量、控制单元,通过计算机与之通讯实现模拟控制的电子式万能材料试验机。这种控制方式虽然实现了等速、等应力、等应变控制,但在实验过程中各种控制方式无法相互切换;第三种是以386计算机为内核的测量控制电箱,各生产厂家另配计算机及实验软件与之通讯的电子式万能材料试验机,该方式只能实现程序控制,对实验员素质要求较高;第四种是采用数字式脉冲调宽技术,全数字闭环多功能控制的电子式万能材料试验机,其测量控制系统既可以实现程序控制又可以实现随机控制实验,在实验过程中,各种控制速率及控制方式均可以互相平滑切换。电子式万能材料试验机由于采用了传感技术,自动化检测和微机控制等较先进的测控技术,该机不仅可以完成拉伸、压缩、弯曲、剪切等常规实验,还能进行载荷或变形循环、蠕变、松弛和应变疲劳等一系列静、动态力学性能实验,该机具有测量精度高,加载控制简单,实验范围宽,可以对整个实验过程进行预设和监控,直接提供实验分析结果和实验报告,再现实验数据等优点。

1. 结构与工作原理

电子式万能材料试验机随制造厂家不同,其结构和功能略有差异,但其结构均包含下列五个系统:(1)加力系统;(2)测力系统;(3)试样变形测量系统;(4)动横梁位移测量与控制系统;(5)微机自动测试与控制系统,如图3—3所示。

现简要介绍电子式万能材料试验机的结构原理与工作原理。在试验机机座的工作台上对称固定两根立柱,立柱上端固定一根上横梁,上横梁、立柱和工作台组成一门式框架,构成对试样加力的反力系统。两根滚珠丝杠穿过横梁且两端分别安装在上横梁和工作台上。当伺服电机驱动机械传动减速器并通过圆弧齿形带、齿轮带动两根滚珠丝杠副的作用时,驱动横梁上下移动,使夹持干上下夹头之间的试样受力变形,试样对变形的抵抗就是抗力,这种抗力作用于固定在动横梁上的载荷传感器上。载荷传感器将作用力转换成电信号,该信号被输送到测量放大器得到放大并进行载荷参量的测量,然后经A/D转换输送到试验机控制柜前面板的显示器显示。与载荷测量原理相同,在试样上装夹应变式变形测量传感器即引伸计,试样受力变形后,引伸计将标距范围的变形转换成电信号输送到测量放大器,经放大处理后将信号送到前面板的显示器显示。

电子式万能材料试验机采用了主从结构的计算机控制系统。试验机的测量与控制等功能模块内嵌于微处理器中作为下位机,下位机主要完成功能模块内部功能控制,如测量模块的标定,调零、换挡等,以及控制模块的参数设定,各种保护的自诊断等。主控计算机通过GPIB总线管理,控制试验机的测量与控制模块的下位机组建并完成各种功能的力学性能测试。

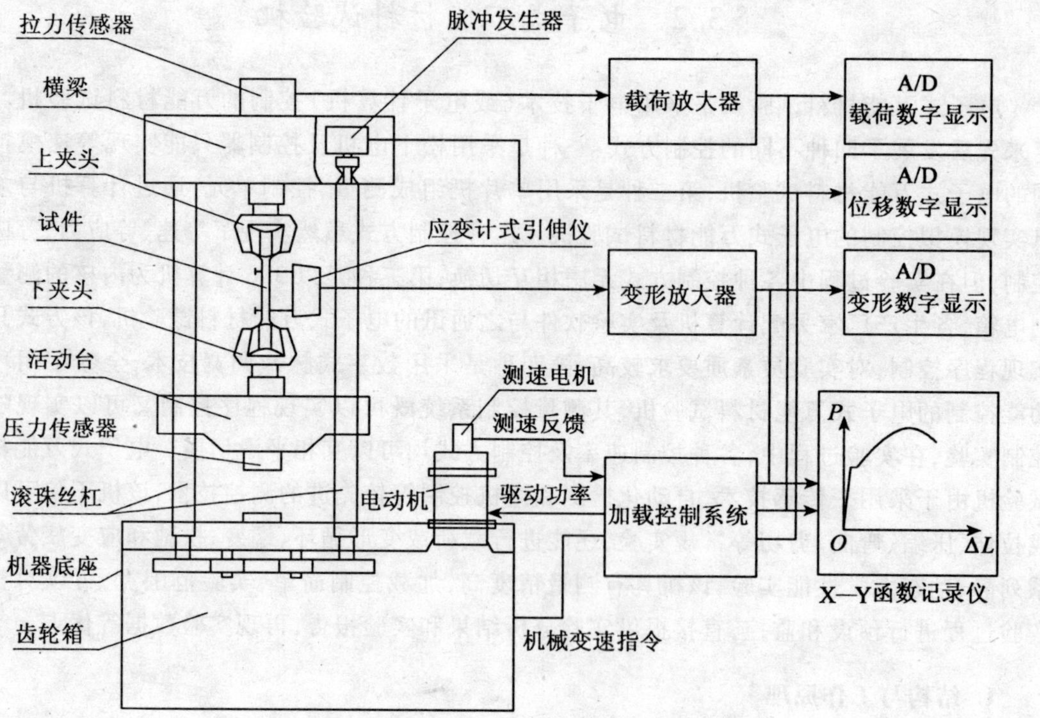

图 3—3　电子万能试验机基本构造和原理示意图

2. 注意事项

电子式万能材料试验机是一种多参量，多功能，高精度，智能型的力学实验设备，为了杜绝事故，在使用过程中应特别注意下列事项。

(1)在主机开动前，必须把位移行程限位保护装置调整好，以保证动横梁不与上横梁或工作台相撞。

(2)试验机单向加载不应超过载荷传感器的额定容量的110%，双向循环加载其拉伸与压缩载荷不宜超过载荷传感器容量的60%。

(3)拉伸夹具夹持试样部分的长度不得少于夹块长度的80%。

(4)载荷、变形测量仪器应预热30min后方可开机实验。

(5)新传感器与放大器配套使用前，必须对放大器各挡满度进行标定。

(6)当试验机处于应力(或应变)控制中，放大器的力值换挡，变形换挡键失效。

(7)计算机命令把引伸计卸下或在大变形控制下，变形通道显示零。

(8)调整放大器对传感器的各种校准参数时，必须严格遵循操作规程，否则容易造成事故。

(9)实验过程中若出现异常情况应迅速按“急停”键，查找原因，系统正常后再按正确步骤实验。

§3.3　扭转试验机

1. 概述

扭转试验机是专门用来对试样施加外力偶矩，测定扭矩大小的设备。该设备的类型较多，结构形式也各有不同，但一般都是由加载和测力两个基本部分组成。

2. NJ-100B 型扭转试验机的构造及工作原理

NJ—100B 型扭转试验机采用直流电机无级调速系统，以机械传动方式加载，并配有电子平衡测力仪以及自动记录装置。该机可以对试样施加正或反两个方向的外力偶矩，最大扭矩为 1000N · m。适用于直径为 5 ~ 25mm、长度小于 620mm 的试样。根据试样承受扭矩的大小及实验的精度要求来选择适当的度盘和扭转速度。

该机由加载机构，测力机构及记录装置等部分组成，其构造原理如图 3—4 所示。

(1)加载机构，安装在试验机溜板上的加载机构，经 6 个滚珠轴承可以在基座的导轨上实现自由移动。直流电机(6)通过两级蜗轮、蜗杆减速带动夹头(5)转动，从而对试样施加外力偶矩。试验机的正、反加载和停机及其他控制，均可以操作该机面板上的有关按钮来实现，操作面板如图 3—5 所示。

(2)测力机构，采用杠杆系统来实现。当试样受扭转后，由固定夹头(3)传来的外力偶矩 T，通过杠杆(12)或反向杠杆(15)，变支点杠杆(10)到拉杆(22)，拉动平衡杠杆(25)。由于力 F 的作用，平衡杠杆(25)右端上翘，推动差动变压器(28)的铁芯位移后发出一个信号，经放大器(20)使伺服电机(24)转动，通过钢丝(1)拉动游铊(27)作水平移动。当游铊对支点的力矩 $QS = F_r$ 时，杠杆(25)达到平衡而恢复水平状态。差动变压器的铁芯恢复至零点而无信号输出。伺服电机(24)停止转动。由此可见，所测扭矩与游铊的移动距离成正比。游铊运动的同时，通过钢丝(16)带动绳轮(23)转动，使指针(26)在示力度盘(29)上指示出试样所受力矩 T 的数值。

(3)记录装置，记录笔(17)通过钢丝(16)由绳轮(23)来拉动，使记录笔作水平移动，记录笔的移动量表示扭矩的大小，装于主动夹头(5)的减速箱上的自整角发送机(7)发出信号，经放大器(11)由伺服电机(21)带到自整角变压器(19)，通过齿轮(18)而使记录筒(14)转动。转筒的转动量与试样的扭转角成正比。记录筒的转动速度(记录纸的移动)有两种，即 1°/min 和 15°/min 两级，通过凸轮(13)来变换，实验时，记录笔水平移动，记录筒转动，这样就可以在记录纸上描绘出试样在扭转过程中的扭矩和转角的关系曲线。

3. 操作步骤

(1)量程选择，一般根据试样材料和尺寸及其抗扭强度，确定最大扭矩，即转动量程选择手轮到所需要的度盘量程，并选择变速开关，使调速电位器置于“零位”。

(2)安装试样，将试样装入与试样匹配的两端夹头中，并用内六角扳手拧紧夹头侧面的压紧螺丝，使夹块对称地夹紧试样。

(3)打开电源开关，检查示力部分和绘图装置是否处于正常状态。否则，需进行调整。

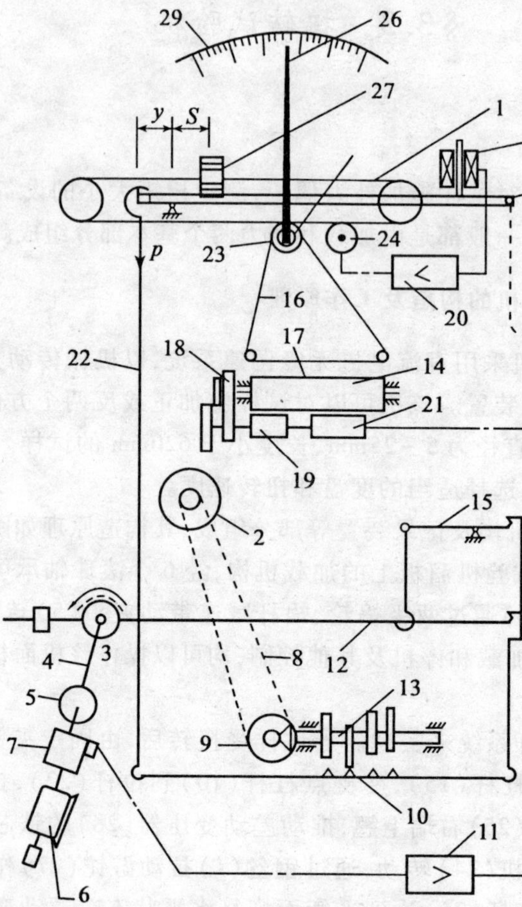

1—钢丝;2—量程选择手轮;3—固定夹头;4—试样;5—主动夹头;6—直流电机;7—自整角发送机;8—链条;9—圆锥齿轮;10—变支点杠杆;11—放大器;12—杠杆;13—凸轮;14—记录筒;15—反向杠杆;16—钢丝;17—记录笔;18—齿轮;19—自整角变压器;20—放大器;21—伺服电机;22—拉杆;23—绳轮;24—伺服电机;25—平衡拉杆;26—示力指针;27—游轮;28—差动变压器;29—示力度盘

图 3—4 NJ—100B 型扭转试验机构造原理图

(4)加载,按下面板上的正或反加载按钮,拧动多圈调速电位器使直流电机转动。便开始给试样施加外力偶矩进行实验。

(5)实验完毕,按下停机按钮。记下所测定的扭转特性参数。取下试样和实验所得的 T_n—f 曲线图,将试验机复原。

4. 注意事项

(1)施加外力偶矩,禁止再转动“量程选择手轮”和改变“变速开关”。

(2)面板上的正、反加载按钮不能同时按下。若要改变施加外力偶方向和变速开关,必须先按“停”按钮后,再改变外力偶方向和变速开关。

(3)试验机运转时,操作人员不得离开。若发现异常声音和其他任何故障,应立即停机并报告指导教师处理。扭转试验机操作面板如图 3—5 所示。

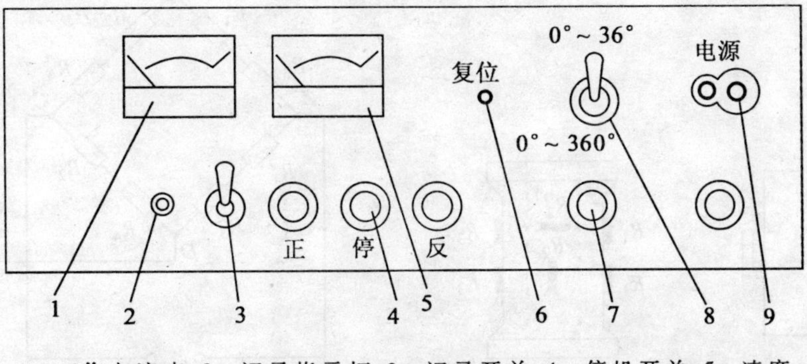

1—工作电流表；2—记录指示灯；3—记录开关；4—停机开关；5—速度表；6—复位按钮；7—多圈电位器；8—变速开关；9—电源开关

图 3—5　NJ-100B 扭转试验机操作面板图

§3.4　载荷传感器与电子引伸计

1. 载荷传感器（测力传感器）

载荷传感器是把载荷量转变为电量来进行测量的转换器件，用以提高测量灵敏度且便于指示和记录，并可以实现数据的自动化处理。

通常使用的载荷传感器，其外形和构造原理如图 3—6 所示。在具有良好的线性应力－应变关系的金属圆筒上，布贴一组电阻应变片，并连接成适当电桥。使用时传感器受载荷作用而产生变形，由电阻应变片通过电桥电路把载荷量转变为电量，由仪器（应变仪或微机）指示出来，并可以进行记录。载荷传感器可以根据工作环境的需要制作成大小多种不同的形式，但需用万能试验机等标准测力器进行标定，其误差一般要求不大于 1%，应定期进行标定，以保证测量的准确度。

测力传感器可以有拉力传感器，压力传感器和拉－压传感器等多种形式。

2. 引伸计

在材料力学实验中，进行弹性范围内的力学性能测试，被测试样在载荷作用下的变形量往往很小。这就需要利用精度高、放大倍数足够大的仪表进行测量，这种用来测量微小变形或位移的仪器称为引伸计。

引伸计的种类很多，有光学式引伸计，机械式引伸计及电阻应变式引伸计。这里，我们只介绍电阻应变式引伸计（即电子引伸计）。

电阻应变式引伸计有两种：弓形式引伸计和夹式引伸计。

如图 3—7 所示为拉伸实验中测量伸长变形用的弓形式引伸计。两个刚性支腿（1），它们的一端具有刀口（4），另一端固接于薄弹簧片（2）的两端，弹簧片的两侧贴有应变片（3），（5）为外壳。使用时，用弹簧卡子（图中未示出）按一定标距将引伸计安装于试件上，此时，

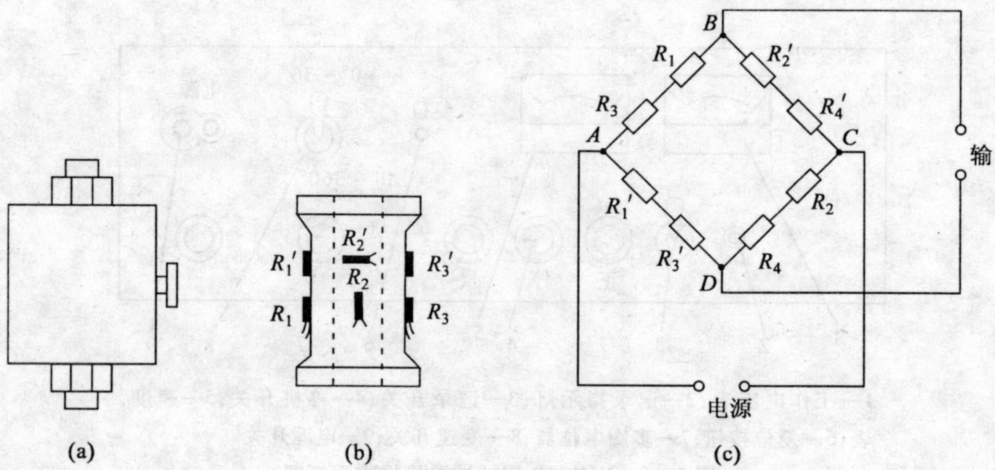

图 3—6 载荷传感器构造原理图

弹簧片呈弓形，承受预弯曲。当试件受力伸长时，弹簧片随之回弹，就可以通过应变片测量弹簧片的应变，从而间接测量出试件在引伸计标距内的变形。

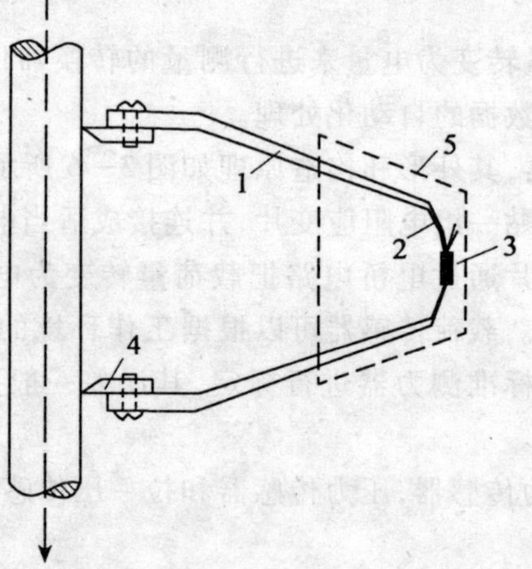

1—支腿；2—弹簧片；3—应变片；4—刀口；5—外壳

图 3—7 弓形式引伸计示意图

如图 3—8 所示为两种夹式引伸计：图(a)测量裂纹张开位移的夹式引伸计，图(b)测量横向变形的夹式引伸计。(1)为由弹簧片制成的悬臂支腿，其根部上、下两侧贴有应变片。(2)，(3)为支架，(4)为安装螺钉。使用时，将引伸计支腿端部的缺口或刀口卡于试件裂纹两侧的固定刀口间(见图 3—8(a))或试件的两侧表面(见图 3—8(b))，此时，支腿承受预弯曲。当裂纹张开或试件横向变形时，引伸计支腿随之回弹，就可以通过应变片测量悬臂支腿的弯曲应变，从而间接地测量出裂纹的张开位移或试件的横向变形。

应变片可以采用半桥或全桥连接，以消除温度影响和提高引伸计的灵敏度(参看电阻

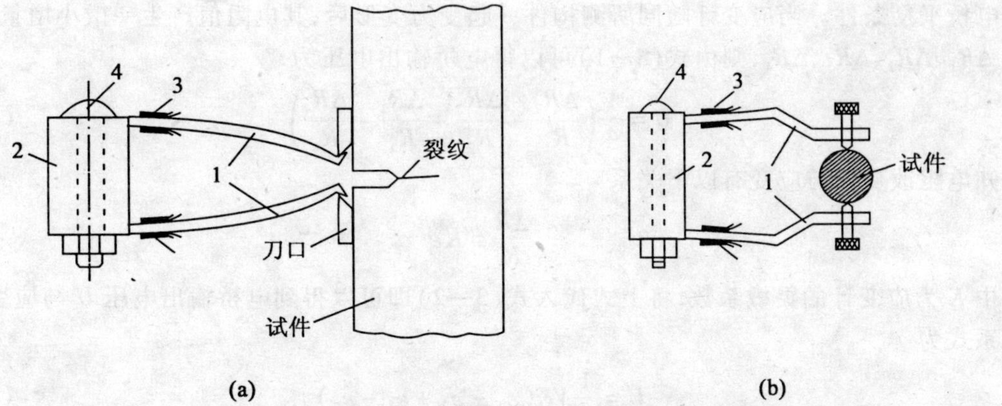

1—支腿;2—支架;3—支架;4—螺钉

图 3—8　夹式引伸计示意图

应变仪部分)。

电阻应变式引伸计的误差一般要求不大于 1%,线性误差不大于 0.5%,引伸计应定期标定,最好在每次实验前进行一次标定。

§3.5　静态电阻应变仪

电阻应变仪是测量结构及材料在荷载作用下应变的仪器,一般结构在荷载作用下所产生的应变通常是很小的,相应的布设在结构上的电阻应变计所产生的电阻改变量 ΔR 也是很小的,用一般的电工仪表很难测量出来,而电阻应变仪就是一种能测量电阻微小改变量的仪器,该仪器能根据应变 ε 与电阻改变量 ΔR 的关系,用应变标度直接标出应变值。

1. 电阻应变仪的工作原理

(1)电阻应变仪的工作原理

目前应变仪都采用惠士顿电桥电路来测量应变计的电阻改变量。根据电桥的电源有直流和交流两种,故应变仪的测量电路也有直流电桥和交流电桥之分。

1)直流电桥

设四臂电桥 $ABCD$ 如图 3—9 所示,四个桥臂电阻为 R_1、R_2、R_3、R_4,AC 为输入端,供桥电压为 V;BD 为输出端,接负载。电桥的输出因负载阻抗的不同有两种电桥,一种是电压桥,一种是功率桥,在电阻应变仪中均使用。由于两种电桥测量应变的基本原理相同,所以现以电压桥为例说明电桥电路测量应变的工作原理。

根据电桥原理,电压桥的输出电压 U 与电源电压 V 及各桥臂电阻的关系为

$$U=\frac{R_1R_3-R_2R_4}{(R_1+R_2)(R_3+R_4)}V \tag{3—1}$$

如果 $R_1R_3=R_2R_4$ 则输出电压 $U=0$,电桥处于平衡状态,故 $R_1R_3=R_2R_4$ 即为电桥的平衡条件。

若电桥四个桥臂均由四枚电阻应变计 R_1、R_2、R_3、R_4 接成（称之为全桥接法），并满足上述电桥平衡条件。当应变计随同所测构件一起受力变形后，其电阻值产生一微小增量，分别为 ΔR_1、ΔR_2、ΔR_3、ΔR_4，则由式(3—1)可以得电桥输出电压为

$$U=\frac{V}{4}\left(\frac{\Delta R_1}{R_1}-\frac{\Delta R_2}{R_2}+\frac{\Delta R_3}{R_3}-\frac{\Delta R_4}{R_4}\right) \tag{3—2}$$

又知电阻改变量与应变有以下关系

$$\frac{\Delta R}{R}=K\varepsilon$$

式中 K 为应变计的灵敏系数，将上式代入式(3—2)即可以得到电桥输出电压 U 与应变 ε 的关系式为

$$U=\frac{1}{4}VK(\varepsilon_1-\varepsilon_2+\varepsilon_3-\varepsilon_4) \tag{3—3}$$

若为半桥接法，则有

$$U=\frac{V}{4}\left(\frac{\Delta R_1}{R_1}-\frac{\Delta R_2}{R_2}\right)=\frac{1}{4}VK(\varepsilon_1-\varepsilon_2) \tag{3—4}$$

若为$\frac{1}{4}$桥接法，则有

$$U=\frac{V}{4}\frac{\Delta R_1}{R_1}=\frac{1}{4}VK\varepsilon_1 \tag{3—5}$$

式(3—1)~式(3—5)即为电阻应变仪的基本关系式。这组关系式表明电桥输出电压 U 与所测应变 ε 成正比关系，而应变计的灵敏系数 K 与供桥电压 V 是已知的，所以应变仪可以根据测量电桥的输出电压的大小直接读出应变值。

2）交流电桥

对于交流电桥，电桥输入电压为正弦电流电压时，必须考虑由于引入了测量导线和电阻应变计后存在的分布电容的影响，因此，桥臂就不再是纯阻性的，而是阻抗性的。如图3—10所示，图中 C_1、C_2 为应变计和连接导线的分布电容。当采用半桥接法时，R_3、R_4 为应变仪内部精密的无感电阻，可以视为纯阻性的。根据电桥理论，电桥的平衡条件为

$$\begin{cases}R_1R_3=R_2R_4\\ R_3C_1=R_4C_2\end{cases} \tag{3—6}$$

由于 $R_3=R_4$，所以上式可以写为

$$\begin{cases}R_1=R_2\\ C_1=C_2\end{cases} \tag{3—7}$$

可见，欲使交流电桥平衡，需同时满足电阻平衡和电容平衡两个条件。

交流电桥的输出电压 U 与桥臂电阻的变化率$\frac{\Delta R}{R}$或应变 ε 仍然成正比例。但分布电容 C_1、C_2 的影响则比较复杂。当电桥满足电容平衡条件 $C_1=C_2$ 时，分布电容 C_1、C_2 造成的误差很小，其影响可以不予考虑，但若电桥不满足电容平衡条件，即 $C_1\neq C_2$，则分布电容将使测量结果产生较大的误差。

(2)电阻平衡电路和电容平衡电路

由于电阻应变计构成的工作片和补偿片的电阻值不可能完全相等，测量导线长短可能

有所差异以及连接点接触电阻也难以保持一致等原因，可能使测量电桥在测量之前就失去平衡，而且有时其不平衡度甚至大于应变计变形引起的不平衡，从而使仪器不能正常工作。因此，在测量之前，必须预先将电阻、电容调平衡，通常应变仪中都设置了电阻平衡电路和电容平衡电路，如图 3—11 所示。

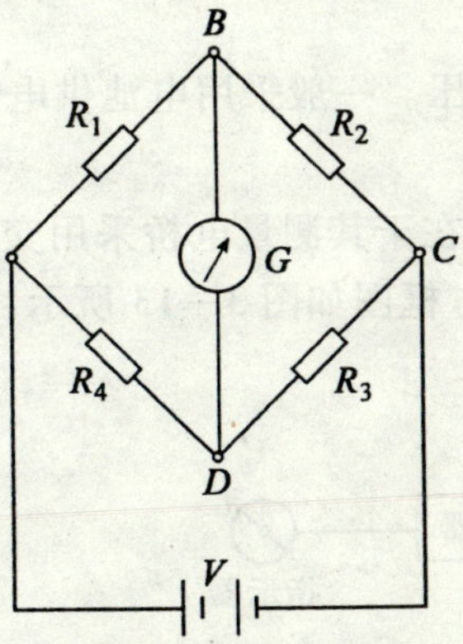

图 3—9　直流电桥

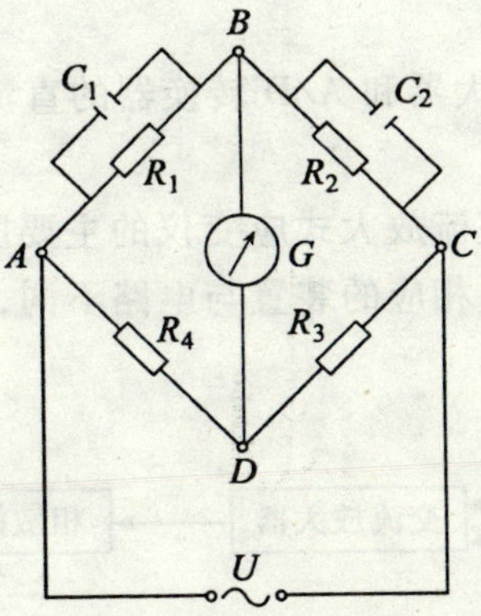

图 3—10　交流电桥

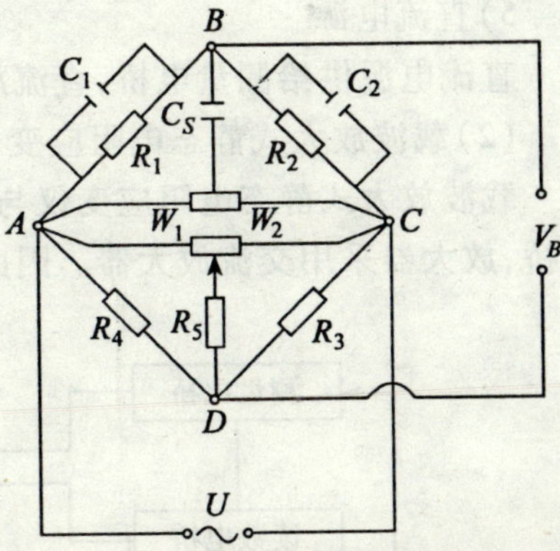

图 3—11　电阻平衡电路与电容平衡电路

1）电阻平衡电路：由电位器 W_1 和电阻 R_S 组成。电位器 W_1 的滑动点与大电阻 R_S 相串，调节电位器 W_1 就可以改变桥臂 AD 和 DC 电阻的比例，从而使电阻平衡条件得到满足。

2）电容平衡电路：由电位器 W_2 和电容器 C_S 组成，电容 C_S 串接在电位器 W_2 的滑动点上，当初始电容 C_1 和 C_2 不满足平衡条件时，调节电位器 W_2，就可以改变桥臂 AB 或 BC 的电容，从而使之得到平衡。

2. 电阻应变仪的组成

目前使用的静态电阻应变仪有两种类型：直流放大式和载波放大式。

（1）直流放大式静态电阻应变仪

直流放大式静态电阻应变仪的组成方框图如图 3—12 所示。

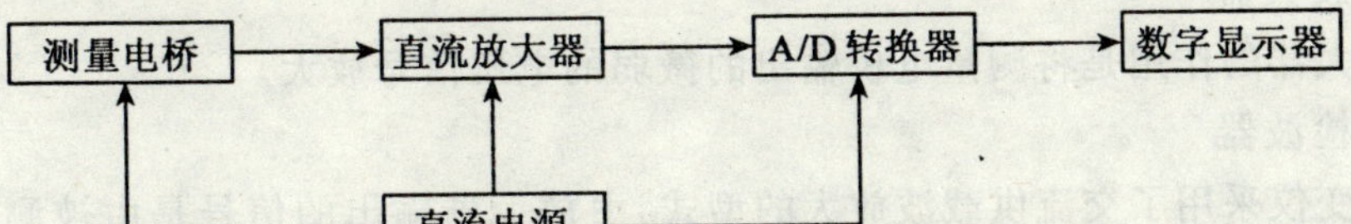

图 3—12　直流放大式静态电阻应变仪的组成方框图

1）测量电桥

测量电桥是将应变计微小的电阻变化转换成电压信号变化，以供放大器进行放大，测量电桥中还包括有预调平衡电路。

2）直流放大器

由测量电桥输出的电压信号很微弱，仅为微伏至毫伏数量级，必须经过放大器加以放大,放大倍数一般为 $5\times10^4\sim10\times10^4$。

3)A/D(模/数转换器)

模/数转换器是将放大后的电压模拟信号转换为数字信号,以便直接驱动数字显示器。

4)数字显示器

一般采用液晶显示器,数字显示器可以将所测量的应变值以数字显示出来。

5)直流电源

直流电源供给测量电桥,直流放大器和 A/D 转换器的直流电压。一般采用电池供电。

(2)载波放大式静态电阻应变仪

载波放大式静态电阻应变仪与直流放大式应变仪的主要区别在于其测量电桥采用交流电桥,放大器采用交流放大器。因此,相应的装置与电路不同,其方框图如图 3—13 所示:

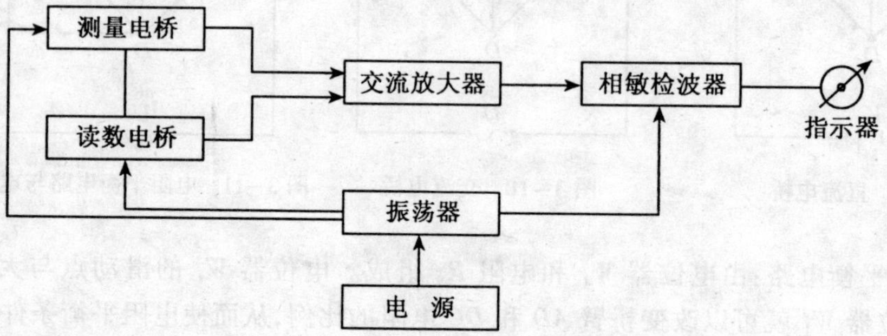

图 3—13 载波放大式静态电阻应变仪的组成方框图

1)测量电桥

测量电桥输入端的桥压为振荡器提供的正弦载波电压,测量电桥包括电阻、电容平衡电路。

2)读数电桥

读数电桥的四个桥臂由高精度的可调电阻器构成,且与测量电桥用同一载波振荡器供电,读数电桥各可调电阻的电阻变化已换算成相应的应变值。

3)交流放大器

交流放大器的作用是将测量电桥输出的微弱的电压信号放大。

4)相敏检波器

由于应变仪采用了交流供载波放大的型式,由放大器输出的信号是由被测应变信号对载波进行调幅的已调制信号,这个信号含有被测信号的特征,但还不是被测信号的原型,不能分辨被测信号的应变是正还是负,而通过相敏检波的调制信号将其恢复原正负应变的性质。

5)指示器

通过相敏检波器的信号输入指示器,指示器指针偏转的大小和方向即反映被测应变的大小和符号。

6)振荡器

振荡器为电桥提供一定频率的正弦交流电作为供桥电源,即载波电压,同时也为相敏检波器提供参考电压。

7)稳压电源

稳压电源是供给振荡器和交流放大器一定电压的电源。

§3.6　电阻应变计测量技术简介

电阻应变计测量技术(简称电测法)是一种非电量电测技术。测量时,将电阻应变计作为一种传感元件用专用粘结剂将该元件粘贴到被测构件表面,应变计因感受到构件上测点处的应变而使自身的电阻改变,电阻应变仪将应变计的电阻变化转换成电压信号并经放大、相敏检波等处理再转换成应变值显示出来或经计算机软件处理给出计算结果。再根据应力、应变的关系式确定构件表面的应力状态,达到对构件进行实验应力分析的目的。相应元件如图 3—14 ~ 图 3—17 所示。

电测法具有灵敏度高、适应性强、精度高、自动化程度高、可测多种力学量、可进行远距离遥测等优点,因而在科学研究和工程实践中得到广泛的应用。该技术的缺点是只能测量构件表面有限点的应变,而且所测应变是应变计敏感栅投影面积下构件应变的平均值,对于应力集中和应变梯度很大的部位会引起较大的误差。

在电测法教学实验中应着重掌握下列几个基本问题。

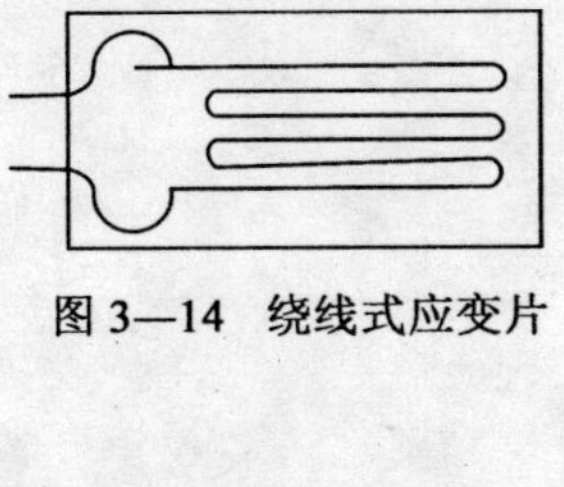

图 3—14　绕线式应变片

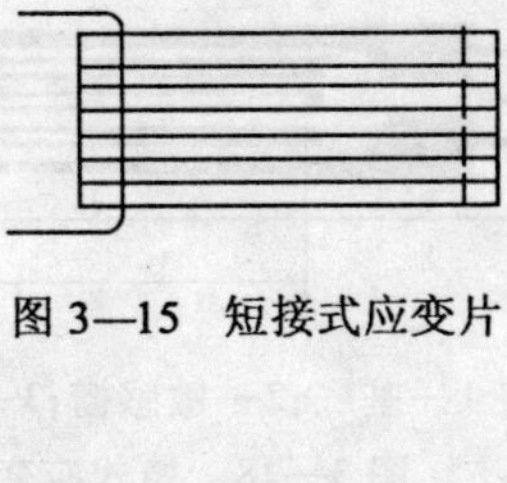

图 3—15　短接式应变片

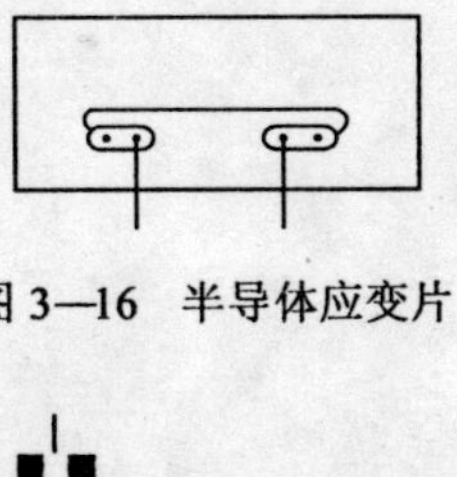

图 3—16　半导体应变片

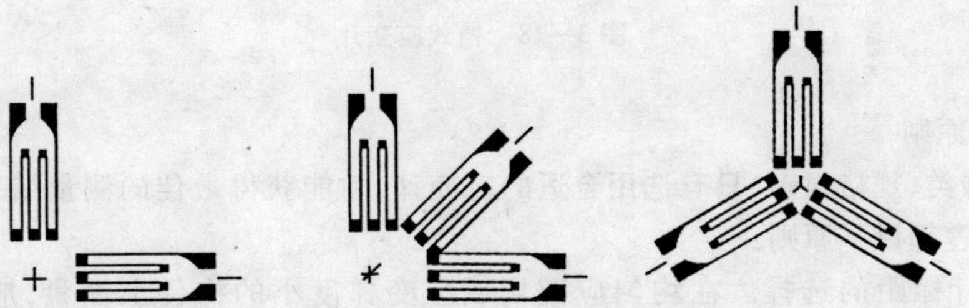

(a)90°应变花;(b)45°应变花;(c)60°应变花

图 3—17　箔式应变花

1. 电阻应变计的工作原理和选用原则

(1)工作原理

相关实验表明,绝大多数金属丝受到拉伸(或压缩)时,电阻值会增大(或减小)。这种电阻值随变形发生变化的现象,称之为电阻应变效应,即金属丝电阻 R 是其长度 L、截面积 A 和电阻率 ρ 的函数,其表达式为

$$R = \rho \frac{L}{A} \tag{3—8}$$

电阻应变计就是利用这一特性制成的传感元件，其结构如图 3—18 所示。

在进行应变测量时，对应变计中金属丝需加一定的电压，为了防止电流过大，产生过热及熔断，要求金属丝有一定的长度，以获得较大的初始电阻值，但测量构件应变时，又要求尽可能缩短应变计的长度，以接近"一点"的真实应变，因此，在应变计中的金属丝一般均做成栅状，称为敏感栅。敏感栅由专用粘结剂粘结在基底上，其上覆盖一层覆盖层，测量时将应变计粘贴在构件测点上，由于粘贴非常牢固，构件受载时，应变计敏感栅随着构件一起变形，电阻发生改变，测量应变计的电阻变化，就会发现在一定的应变范围内，应变计的相对电阻变化量与构件的应变之间保持线性关系，即

$$\frac{\Delta R}{R} = K\varepsilon \tag{3—9}$$

式中：R——应变计电阻；

ΔR——应变计感受应变后的电阻改变量；

ε——构件沿应变计灵敏轴线方向的应变；

K——应变计灵敏系数。

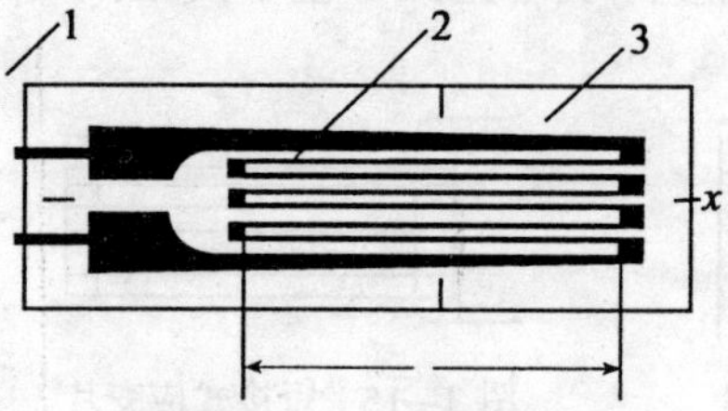

1—基底；2—敏感栅；3—引线

图 3—18　箔式应变片

(2)选用原则

应变计种类、规格很多，只有选用合适的应变计，才能获得最佳的测量结果。选用应变计时，一般应遵循以下原则：

① 应变计标距的选择。在均匀应变场或应变梯度小的构件上测量，应采用标距为 3～10mm的中标距应变计，中标距应变计比其他标距的应变计性能要好且原始电阻值分散度较小；在应变梯度大或有应力集中的区域测量，应选用小于 3mm 的小标距应变计，以获得更接近于测点真实应变的测量值；在非均质材料上测量，应选用长标距的应变计，若在混凝土构件上测量，应变计的标距应大于混凝土骨料颗粒直径的四倍。

② 基底的选择。基底的材料决定了应变计的工作温度不能超过允许温度范围，使用常温片，也不能将中、高温应变计在常温下使用，前者会损坏应变计或导致大的测量误差，后者不仅不经济，其测量精度也低于常温片。

③ 敏感栅个数的选择。在单向应力状态下测量，用单轴应变计；在平面应力状态下主应力方向已知时，用二轴 90°应变花测量，应变花的二轴分别沿两主应力方向粘贴；在平面应力状态下主应力方向未知时，用三轴 45°或 60°应变花。

④ 电阻值选择。用于应变测量,应选用 120Ω 的应变计,因为电阻应变仪的电桥是按 120Ω 桥臂电阻设计的,采用其他电阻值时,对测量结果要进行修正。如用于制作传感器,且有配用的二次仪表测量,可以选用高电阻值的应变计。此时,可以提高供桥电压,以获得大的输出信号,使仪器简化。在同一电桥上使用的应变计或采用公共补偿的一组应变计,其电阻值相差最好小于 0.2Ω,以便于电桥预调平衡。在曲面上粘贴应变计时,应变计的电阻值会发生变化,凸面会使应变计电阻值增大,凹面会使应变计电阻值减小,且曲率愈大,电阻改变也愈大,这点应予以注意,以免造成电桥不能平衡。

⑤若要进行长期的应变测量或制作应变式传感器,应选用胶基箔式应变计,敏感栅材料应是康铜(铜、镍合金)或卡玛(镍、铬、铝、铁合金)等应变合金,这两种合金电阻温度系数小,故受环境温度影响也较小。

2. 电阻应变仪的工作原理

常规电阻应变测量使用的是电阻应变仪,该应变仪的输入回路构成应变电桥(以应变计作为其构成部分的电桥),应变电桥能把应变计电阻值的微小变化转换成输出电压的变化。

应变仪在测量前,电桥应处于平衡状态,此后,电桥的输出信号就是由应变计感受的应变造成的。下面推导出应变电桥的平衡条件。如图 3—19 所示是由电阻 R_1、R_2、R_3 和 R_4 组成的应变电桥,V 为供桥电源电压,U 为电桥输出电压,设流过 R_1、R_2 支路的电流为 I_1,流过 R_3、R_4 支路的电流为 I_2。则

$$I_1 = \frac{V}{R_1 + R_2},\quad I_2 = \frac{V}{R_3 + R_4}$$

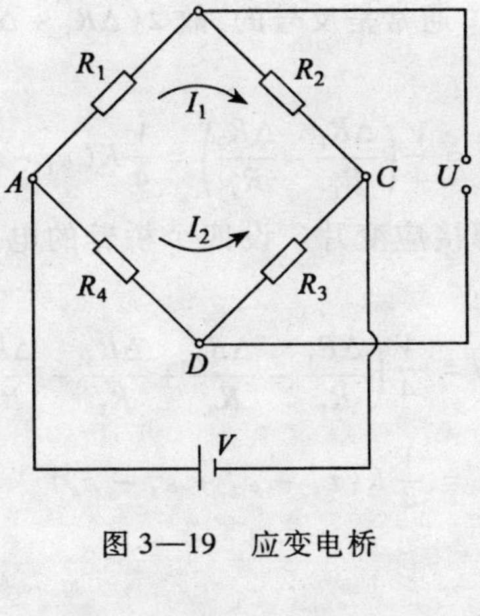

图 3—19 应变电桥

电桥输出电压 U 等于 R_1 与 R_4 两桥臂电阻电压降之差,即

$$U = I_1 R_1 - I_2 R_2$$

$$= \left(\frac{R_1}{R_1 + R_2} - \frac{R_4}{R_3 + R_4}\right) V$$

$$= \frac{R_1 \cdot R_3 - R_2 \cdot R_4}{(R_1 + R_2)(R_3 + R_4)} V \tag{3—10}$$

当 $U=0$ 时，称电桥处于平衡状态。由于 $V \neq 0$，所以电桥的平衡条件为

$$R_1 \cdot R_3 - R_2 \cdot R_4 = 0, \quad 或 \frac{R_1}{R_2} = \frac{R_4}{R_3} \tag{3—11}$$

电桥的输出电压除与桥臂电阻的变化有关外，还与电桥接法有关，无论哪种接法，都要满足 $R_1 = R_2$ 和 $R_3 = R_4$ 的条件。现分别讨论各种接法时电桥的输出电压与桥臂电阻变化的关系。

(1) $\frac{1}{4}$ 桥接法，仅 AB 桥臂接应变片，其他桥臂接固定电阻。

设 R_1 为测量片，其电阻变化为 ΔR_1，ΔU 为输出电压，由式(3—10)知

$$\Delta U = \frac{(R_1 + \Delta R_1) \cdot R_3 - R_2 \cdot R_4}{(R_1 + \Delta R_1 + R_2)(R_3 + R_4)} V \tag{3—12}$$

考虑到电桥的平衡条件，式(3—12)可以化简为

$$\Delta U = \frac{\Delta R_1}{4R_1 + 2\Delta R_1} V \tag{3—13}$$

$2\Delta R_1$ 与 $4R_1$ 相比为高阶微量，可以略去，式(3—13)化为

$$\Delta U = \frac{1}{4} \frac{\Delta R_1}{R_1} V = \frac{1}{4} V K \varepsilon_1 \tag{3—14}$$

(2) 半桥接法，AB 和 BC 两个桥臂接应变片，其他桥臂接固定电阻，设 R_1 和 R_2 的电阻变化分别为 ΔR_1 和 ΔR_2。由式(3—10)可得

$$\Delta U = \frac{\Delta R_1 - \Delta R_2}{4R_1 + 2(\Delta R_1 + \Delta R_2)} V \tag{3—15}$$

在采用半桥接法时，ΔR_1 与 ΔR_2 通常是反号的，故 $2(\Delta R_1 + \Delta R_2)$ 可以略去，式(3—15)化简为

$$\Delta U = \frac{V}{4}\left(\frac{\Delta R_1}{R_1} - \frac{\Delta R_2}{R_2}\right) = \frac{V}{4} K(\varepsilon_1 - \varepsilon_2) \tag{3—16}$$

(3) 全桥接法，四个桥臂都接应变片。设四个桥臂的电阻变化分别为 ΔR_1、ΔR_2、ΔR_3、ΔR_4。用同样的化简方法可得

$$\begin{aligned} \Delta U &= \frac{V}{4}\left(\frac{\Delta R_1}{R_1} - \frac{\Delta R_2}{R_2} + \frac{\Delta R_3}{R_3} - \frac{\Delta R_4}{R_4}\right) \\ &= \frac{V}{4} K(\varepsilon_1 - \varepsilon_2 + \varepsilon_3 - \varepsilon_4) \end{aligned} \tag{3—17}$$

3. 温度效应的补偿

贴有应变计的构件总处在某一温度场中，当温度有变化时，会造成应变计敏感栅电阻的变化；此外，当敏感栅材料的线胀系数与构件材料的线胀系数不同时，敏感栅受到附加的拉伸或压缩，从而引起电阻的变化。上述现象称为温度效应。敏感栅电阻的这一变化当然也引起电桥的输出电压，严重时，每升温 1℃，应变仪的指示应变可以达几十微应变，显然这种非被测应变必须设法排除，排除温度效应影响的措施称为温度补偿。

根据式(3—16),只要再用一枚与工作片相同的应变计作为补偿片,贴在与被测构件材料相同但不受力的试件上。使该试件与被测构件处于同一温度场中,在电桥的连接上,使工作片与补偿片处于相邻的桥臂上。这样,温度变化使 R_1 与 R_2 产生的电阻变化 ΔR_1 与 ΔR_2 相同,而 ΔR_1 由于构件受载产生的电阻变化为 ΔR_{1F},则 $\Delta R_1 = \Delta R_{1F} + \Delta R_{1t}$,$\Delta R_2 = \Delta R_{2t}$。由式(3—16)得

$$\Delta U = \frac{V}{4}\left(\frac{\Delta R_{1F} + \Delta R_{1t}}{R_1} - \frac{\Delta R_{2t}}{R_2}\right) = \frac{V}{4}\frac{\Delta R_{1F}}{R_1} = \frac{V}{4}K\varepsilon \qquad (3\text{—}18)$$

这就排除了温度效应的影响。

补偿片也可以参与感受机械应变,要能预先知道补偿片和工作片所感受的机械应变之间的比例关系,采取适当的桥路接法,就既能起到温度补偿作用,又能提高电桥的灵敏度。这一点可以在具体实验中运用。

4. 实测应变值的修正

在应变测量中,由于条件限制,会有一些条件不能满足,此时,应变仪显示的应变并非测点的真实应变,需经修正才能得到真实应变。常用的修正方法有以下几种。

(1)灵敏系数修正

设应变计的灵敏系数为 K,应变仪的灵敏系数为 K_Y,测点的真实应变为 ε,应变仪的显示应变为 ε_Y。根据应变计和应变仪的工作原理分别有

$$\frac{\Delta R}{R} = K\varepsilon, \quad \frac{\Delta R}{R} = K_Y\varepsilon_Y$$

上两式中,等号右边应相等,于是有

$$\varepsilon = \frac{K_Y}{K}\varepsilon_Y \qquad (3\text{—}19)$$

由式(3—19)可知只有当 $K_Y = K$ 时,才有 $\varepsilon = \varepsilon_Y$。当应变仪的灵敏系数 K_Y 无法调整到应变计的灵敏系数 K 时,则应变仪的显示应变 ε_Y 就应按上式修正。

(2)导线电阻修正

连接应变计与应变仪的导线电阻也是桥臂电阻的一部分,该电阻的增加会降低电桥的灵敏度。一般当导线长度超过 10m 时,应进行导线电阻修正。设导线电阻为 r,应变计电阻为 R,由应变计工作原理知

$$\Delta R = RK\varepsilon$$

应变仪接测量片的桥臂的电阻为 R,由电桥工作原理有

$$\Delta R = (R + r)K\varepsilon_Y$$

上述两式右边应相等,则有

$$\varepsilon = \left(1 + \frac{r}{R}\right)\varepsilon_Y \qquad (3\text{—}20)$$

(3)横向效应修正

应变计因感受横向(垂直于灵敏轴线)应变而产生电阻变化的现象,称为横向效应。效应的大小用横向效应系数来表征,其定义是以一个单向应变,分别沿栅宽和栅长方向作用于同一应变计(实际上是取自同一批量的两片),把前一个电阻变化率与后一个电阻变化率之

比(用百分数表示),作为这批应变计的横向效应系数,用 H 代表,即

$$H=\frac{(\Delta R/R)_{\perp}}{(\Delta R/R)_{/\!/}} \tag{3—21}$$

相关分析表明,对单向应力状态的测点,即使 H 达到 5%,所得应变读数误差也不大于 1%,一般可以不修正。对平面应力状态的测点,横向效应的影响一般是要修正的。

表 3—1 中列出了使用应变花时,考虑横向效应影响的修正公式。

表 3—1

应变花形式	修正计算公式
直角应变花	$\varepsilon_{0^\circ}=Q(\varepsilon'_{0^\circ}-H\varepsilon'_{90^\circ})$
	$\varepsilon_{90^\circ}=Q(\varepsilon'_{90^\circ}-H\varepsilon'_{0^\circ})$
45°应变花	$\varepsilon_{0^\circ}=Q(\varepsilon'_{0^\circ}-H\varepsilon'_{90^\circ})$
	$\varepsilon_{45^\circ}=Q[(1+H)\varepsilon'_{45^\circ}-H(\varepsilon'_{0^\circ}+\varepsilon'_{90^\circ})]$
	$\varepsilon_{90^\circ}=Q(\varepsilon'_{90^\circ}-H\varepsilon'_{0^\circ})$
60°应变花	$\varepsilon_{0^\circ}=\frac{Q}{3}[\varepsilon'_{0^\circ}(3+H)-2H(\varepsilon'_{60^\circ}+\varepsilon'_{120^\circ})]$
	$\varepsilon_{60^\circ}=\frac{Q}{3}[\varepsilon'_{60^\circ}(3+H)-2H(\varepsilon'_{0^\circ}+\varepsilon'_{120^\circ})]$
	$\varepsilon_{120^\circ}=\frac{Q}{3}[\varepsilon'_{120^\circ}(3+H)-2H(\varepsilon'_{0^\circ}+\varepsilon'_{60^\circ})]$

注:表中 $Q=(1-\mu_0 H)/(1-H^2)$,加"′"者表示应变仪的指示应变。

(4)应变仪电阻修正

应变仪的指示应变是按桥臂电阻 120Ω 标定的。当桥臂电阻不等于 120Ω 时,应变仪的指示应变 ε_Y 有误差,此时,应按应变仪使用说明书中给出的修正曲线查得修正系数 K_R,代入下式计算

$$\varepsilon=K_R\varepsilon_Y \tag{3—22}$$

如果以上几种修正计算都需要,则先由下式计算

$$\varepsilon=K_R\left(1+\frac{r}{R}\right)\frac{K_r}{K}\varepsilon_Y \tag{3—23}$$

再将计算的结果代入横向效应修正公式中计算,所得结果即为真实应变。

§3.7 PL6—10 型高频疲劳试验机

PL6—10 型高频疲劳试验机由主机和控制柜组成,如图 3—20 所示。这种试验机可以进行各种形式的交变载荷作用下的对称和非对称循环的金属疲劳实验。

1. 结构原理

主机安装在四个弹性支座上。水泥基座(1)、机器底座(2)、立柱(3)、横梁(4)、组成一

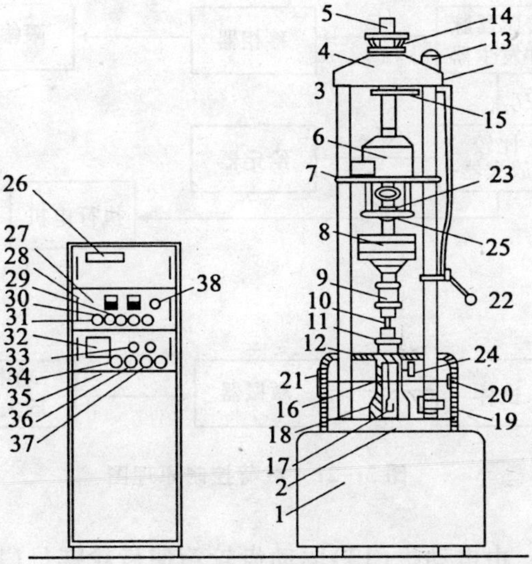

1—水泥基座；2—机器底座；3—立柱；4—横梁；5—丝杠；6—激振器；7—预载弹簧；8—砝码；9—上夹头；10—试件；11—下夹头；12—钢筒；13—电动机；14，15—齿轮螺母；16—变形传递杆；17—刀刃；18—反射镜；19—光源；20—反射镜；21—标尺；22—扳把；23，24—螺母；25—弹性支座；26—频率计；27—停止；28—启动；29—振动；30—移相；31—给定；32—积算器；33—控制选择；34—电源开；35—电源关；36—上升；37—下降；38—调谐保护

图 3—20 PL6—10 型高频疲劳试验机示意图

个闭合框架。在横梁中央装有丝杠(5)，在丝杠的下面装有激振器(6)、预载弹簧(7)和砝码(8)，以及上夹头(9)、试件(10)、下夹头(11)、弹性薄壁钢筒(12)，直至与机器底座连接组成一个振动系统。

(1)该试验机采用电磁共振原理施加振动荷载，即由传感器感生一个与机器固有频率相同的电信号，该信号自机器的微小振动而获得，由控制柜进行放大，送给激振器使之产生一个与机器固有频率一致的激振力，因而可以发生共振现象(这样就可以用较小的激振力而获得较大的动载荷)。由于振动，就对试件施加反复作用的振动载荷。

振动荷载的控制原理如图 3—21 所示。设机器处于静止状态，调整给定器给出一定的电压 $U_{给}$，经比较、放大环节推动执行电机，带动限幅电位器，使限幅电位器得到一定大小的电位。这样功率放大器即具有可能输出足以推动激振器起振的功率，对试件施加振动载荷。同时，固定在试件下端的传感器由于振动而输出一个电信号 U_G(其信号频率与机器系统的固有频率相同)，通过移相器的调整，使机器建立起共振状况下工作的全过程。在该过程中，信号 U_G 经整流后，又以相反的极性输到比较器中与给定的直流电压 $U_{给}$ 进行比较，当 U_G 与 $U_{给}$ 相等时，执行电机停止转动，限幅器的电位也被确定，机器的振动载荷幅值也随给定值 $U_{给}$ 的大小而确定下来。

实验过程中，由于某种原因而使载荷幅值有所变化，传感器的输出信号也随之变化，经比较、放大而使执行电机动作，改变限幅器的电位，自动地保持机器原来的振动幅值，从而保证实验载荷的稳定。

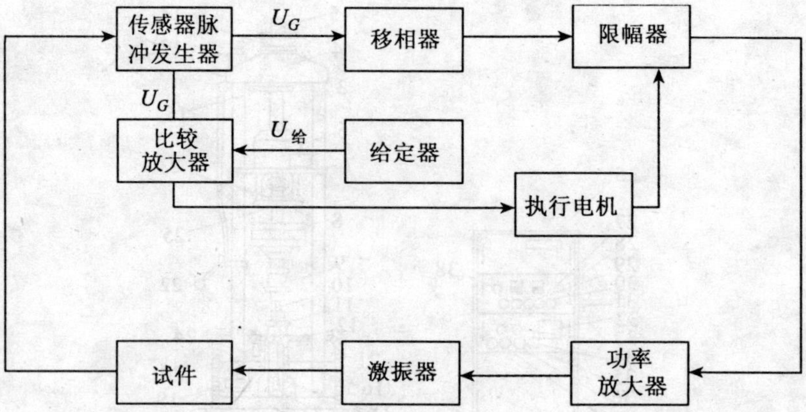

图 3—21 载荷控制原理图

(2) 静载荷的施加。由电动机(13)驱动齿轮箱使齿轮螺母(14)和(15)转动,从而使丝杠(5)向上或向下移动,实现对试件施加静拉力和压力。

(3) 动载荷和静载荷的测量显示,由测力计系统来完成。测力计是一个机械光学装置,该装置由弹性薄壁钢筒(12)等组成。试件所受载荷传到钢筒(12)上使其变形,由变形传递杆(16)及菱形刀刃(17)将变形量转换成反射镜(18)的转动。这样,将由光源(19)投来的光线条经反射镜(20)反射到标尺(21)上造成光线条在标尺上移动,按适当比例由标尺即可以读得载荷的大小。如果是动载荷,光线条便在标尺上作上、下摆动,形成一个光带,光带上、下两边所指刻度即为动载荷的最小值和最大值。

2. 操作步骤

(1)在未装夹试件时,按下控制柜上静控单元的“电源开关”,观察标尺上的光线条是否在零位。若不在零位,可以调机器底座右侧的螺钉使之对零。

(2)装夹试件,根据所需频率装好相应重量的砝码。

(3)调整预加静载荷。按下动控单元的“启动”,将扳把(22)置于“1”的位置,把静控单元“控制选择”置于手动位置,按“上升”或“下降”电钮,驱动电动机(13)对试件加载,随时观察标尺上的光线条直到所需要的载荷刻度值。

(4) 调整激振器的空气隙。在调好预加载荷后,关掉动控单元的“启动”,即可以进行空气隙调整。方法是松开螺母(23),调整螺母(24)使激振器上的标尺指到相应位置(一般2t 测力计为 1 ~1.5mm,0.5t 测力计为 1.5 ~2mm),然后将螺母(23)牢固的锁紧。

(5) 振动载荷的控制和调整。首先将“给定”、“移相”、“振动”、“保护”旋钮都置于零位。按下动控单元的“启动”,将调谐选择旋钮转到适当位置(一般是工作频率越高指数越小)。然后将“移相”旋钮置于合适位置,再将“振动”旋钮转到位置“1”,机器即可振动,否则不能。再调整“移相”使其得到同样的振幅而电流表指示最小。最后则可以慢慢增大“给定”旋钮,使振幅逐渐增加到所需值。

(6)保护的调整。在振动建立起来并达到稳定之后,用手按住“启动”旋钮,缓慢转到“保护”旋钮直到相应的指示灯熄灭,再回转旋钮直到指示灯重新点亮。最后置旋钮于指示灯熄灭和点亮的中间位置，这样试件断裂时机器即可以自动停车。调整好后手可以离开"启动"按钮。

(7)积算计数。先按积算器清除键，使计数器复零，待机器起振后，便可以打开开关进行疲劳循环次数的计数工作。

(8)调好频率计，将开关拨向"频率"位置，即可以按照选定采速率每隔一定时间显示频率一次。

3. 注意事项

(1)空气隙的大小应适当，否则不易振动。

(2)"移相"旋钮调到满足位置要求时，机器才能达到良好的振动状态。

(3)调谐旋钮位置也应选择恰当。

以上两点均需经过反复调整(3)来确定。

(4)给定值调好之后，可以再微调相位(用"移相"旋钮)，使振动更加稳定。

(5)在试件装夹好之后，在使用上升或下降及静载荷保持器时，严禁将扳把(22)置于"Ⅱ"的位置，因为"Ⅱ"对应着快速位置，只能在装夹试件前用于调整上、下夹头距离。

静载荷保持器，在此处未作介绍，需要时可以查阅相关说明书。

附录一　工程材料力学性能试验的国家标准(GB)目录

1. GB/T228—2002 《金属材料室温拉伸试验方法》;
2. GB7314—87 《金属压缩试验方法》;
3. GB5028—85 《金属薄板应变硬化指数 n 值试验方法》;
4. GB10128—88 《金属室温扭转试验方法》;
5. GB1446—83 《纤维增强塑料性能试验方法总则》;
6. GB1447—83 《玻璃纤维增强塑料拉伸性能试验方法》;
7. GB229—84 《金属夏比(U 型缺口)冲击试验方法》;
8. GB4161—84 《金属材料平面应变断裂韧度(K_{IC})试验方法》;
9. GB/T2358—94 《金属材料裂纹尖端张开位移试验方法》;
10. GB2038—91 《金属材料延性断裂韧度 J_{IC}试验方法》;
11. GB4337—84 《金属旋转弯曲疲劳试验方法》;
12. GB6398—86 《金属材料疲劳裂纹扩展速率试验方法》;
13. GB2651—81 《焊接接头拉伸试验法》;
14. GB2652—82 《焊缝(及堆焊)金属拉伸试验法》;
15. GB8170—87 《数值修约规则》。

附录二 新旧标准性能名称和符号对照

新标准采用的性能名称和符号与旧标准有所不同，为了便于对照，将其列于表1。

表1 性能名称对照表

新标准			旧标准	
性能名称		符号	性能名称	符号
断面收缩率	Percentage reduction of area	Z	断后收缩率	ψ
断后伸长率	Percentage elongation after fracture	A $A_{11.3}$ A_{xmm}	断后伸长率	d_5 d_{10} d_{xmm}
断裂总伸长率	Percentage total elongation at fracture	A_t	—	—
最大力总伸长率	Percentage elongation at maximum force	A_{gt}	最大力下的总伸长率	d_{gt}
最大力非比例伸长率	Percentage non-proportional elongation at maximum force	A_g	最大力下的非比例伸长率	d_g
屈服点延伸率	Percentage yield point extension	A_e	屈服点伸长率	d_s
屈服强度	Yield strength	—	屈服点	σ_s
上屈服强度	Upper yield strength	R_{eH}	上屈服点	σ_{su}
下屈服强度	Lower yield strength	R_{eL}	下屈服点	σ_{sL}
规定非比例延伸强度	Proof strength, non-proportional extension	R_p 例如 $R_{p0.2}$	规定非比例伸长应力	σ_p 例如 $\sigma_{p0.2}$
规定总延伸强度	Proof strength, total extension	R_t 例如 $R_{t0.5}$	规定总伸长应力	σ_t 例如 $\sigma_{t0.5}$
规定残余延伸强度	Permanent set strength	R_r 例如 $R_{r0.2}$	规定残余伸长应力	σ_r 例如 $\sigma_{r0.2}$
抗拉强度	Tensile strength	R_m	抗拉强度	σ_b

参考文献

[1]孙训方,方孝淑,关来泰编. 材料力学,第四版. 北京:高等教育出版社,2002
[2]范钦珊主编. 材料力学. 北京:高等教育出版社,2000
[3]张立中主编. 实验力学. 武汉: 武汉大学出版社,1992
[4]张如一,陆耀祯主编. 实验应力分析. 北京:机械工业出版社,1981
[5]佟景伟,伍洪泽主编. 实验应力分析. 长沙:湖南科学技术出版社,1983
[6]沈观林编. 复合材料力学. 北京:清华大学出版社,1996
[7]李顺林等编. 复合材料工作手册. 北京:航空工业出版社,1987
[8]刘再华等编. 工程结构抗断设计基础. 武汉:华中理工大学出版社,1990
[9]贾有权主编. 材料力学实验. 第二版. 北京:高等教育出版社,1984
[10]段自力,王文安主编. 材料力学实验. 武汉:华中理工大学出版社,1993
[11]王杏根,高大兴,徐育澄主编. 工程力学实验. 武汉:华中科技大学出版社,2002

图书在版编目(CIP)数据

材料力学实验/朱铉庆等编著．—武汉：武汉大学出版社，2006.5
21世纪高等学校工科力学实验系列教材
ISBN 7-307-04968-6

Ⅰ.材…　Ⅱ.朱…[等]　Ⅲ.材料力学—实验—高等学校—教材
Ⅳ.TB301-33

中国版本图书馆CIP数据核字(2006)第027230号

责任编辑：李汉保　　责任校对：黄添生　　版式设计：支　笛

出版发行：**武汉大学出版社**　(430072　武昌　珞珈山)
(电子邮件：wdp4@whu.edu.cn　网址：www.wdp.com.cn)
印刷：华中科技大学印刷厂
开本：787×1092　1/16　印张：8　字数：187千字
版次：2006年5月第1版　2006年5月第1次印刷
ISBN 7-307-04968-6/TB·18　定价：12.00元
